IJAZ UR RAHMAN DURRANI

ECOS DO COSMOS INVISÍVEL ANTES DO AMANHECER

IJAZ UR RAHMAN DURRANI

ECOS DO COSMOS INVISÍVEL ANTES DO AMANHECER

A época mais antiga

ScienciaScripts

Imprint
Any brand names and product names mentioned in this book are subject to trademark, brand or patent protection and are trademarks or registered trademarks of their respective holders. The use of brand names, product names, common names, trade names, product descriptions etc. even without a particular marking in this work is in no way to be construed to mean that such names may be regarded as unrestricted in respect of trademark and brand protection legislation and could thus be used by anyone.

Cover image: www.ingimage.com

This book is a translation from the original published under ISBN 978-620-8-22463-9.

Publisher:
Sciencia Scripts
is a trademark of
Dodo Books Indian Ocean Ltd. and OmniScriptum S.R.L publishing group

120 High Road, East Finchley, London, N2 9ED, United Kingdom
Str. Armeneasca 28/1, office 1, Chisinau MD-2012, Republic of Moldova, Europe
Printed at: see last page
ISBN: 978-620-8-32132-1

ÍNDICE DE CONTEÚDOS

Capítulo I

Partículas exóticas e a regra de Born

INTRODUÇÃO

Ecos do Cosmos invisível antes do amanhecer

O cosmos cativou a imaginação humana durante séculos, inspirando inúmeras investigações sobre as suas origens, a sua estrutura e as leis fundamentais que o regem. Desde as civilizações antigas que olhavam para o céu noturno, tentando dar sentido aos padrões celestes, até aos cientistas modernos que empregam tecnologias avançadas para desvendar os mistérios do universo, a humanidade sempre procurou compreender o seu lugar nesta vasta extensão. Embora grande parte da nossa compreensão esteja enraizada em fenómenos observáveis, uma parte significativa do universo permanece envolta em mistério, muitas vezes referida como o "cosmos invisível". Este discurso tem como objetivo explorar os ecos do universo antes do amanhecer - aqueles vestígios e sinais que sugerem as condições e acontecimentos anteriores à nossa realidade observável. Estes ecos servem como pistas vitais para compreender a complexa tapeçaria da história cósmica.

Para compreender estes ecos, temos primeiro de olhar para trás, para o início do universo. A teoria do Big Bang postula que o universo começou há cerca de 13,8 mil milhões de anos a partir de uma singularidade, um ponto de densidade e temperatura infinitas onde as leis da física, tal como as conhecemos, se romperam. Este acontecimento cataclísmico marcou o nascimento do espaço e do próprio tempo, criando uma vasta tela sobre a qual o Universo evoluiria. Após este início explosivo, o Universo sofreu uma rápida expansão conhecida como inflação cósmica, uma teoria proposta para resolver certas inconsistências do modelo do Big Bang.

Este período inflacionário é crucial, pois sugere que o Universo sofreu um crescimento exponencial, suavizando as irregularidades e lançando as bases para as estruturas que observamos atualmente. Durante esta breve mas monumental fase, o Universo expandiu-se a um ritmo mais rápido do que a velocidade da luz, fazendo com que mesmo regiões que estavam inicialmente muito próximas se tornassem incrivelmente distantes umas das outras. À medida que a inflação diminuiu, o Universo começou a arrefecer e a sopa primordial quente e densa de partículas começou a coalescer, levando à formação de átomos simples como o hidrogénio e o hélio.

No entanto, grande parte deste universo primitivo é inacessível à observação direta, deixando-nos a interpretar provas indirectas. Os desafios da observação de fenómenos tão antigos são agravados pelo facto de o Universo continuar a expandir-se, esticando a luz de acontecimentos distantes para além do espetro visível. No entanto, os cientistas desenvolveram métodos para estudar os ecos deste período de formação através de técnicas de observação e modelos teóricos inovadores.

Um dos vestígios mais profundos deste período inicial é a Radiação Cósmica de Fundo em Micro-ondas (CMBR), frequentemente descrita como o "brilho residual" do Big Bang. Este ténue brilho residual não é apenas um vestígio trivial; representa um instantâneo do Universo cerca de 380 000 anos após o seu início, quando os átomos se formaram pela primeira vez e os fotões podiam viajar livremente sem serem dispersos pelos electrões. Antes deste momento, o Universo era opaco, cheio de partículas carregadas que impediam a luz de se mover livremente. À medida que o Universo se expandiu e arrefeceu, atingiu um ponto crítico em que os átomos neutros se puderam formar, permitindo que a luz escapasse e preenchesse o cosmos.

O CMBR permeia o cosmos, fornecendo informação inestimável sobre as condições que existiam no Universo primitivo. É extraordinariamente uniforme, com pequenas flutuações de temperatura que transportam informação crítica sobre as variações de densidade presentes nessa altura. O estudo do CMBR permitiu aos cosmólogos obter informações sobre a idade do Universo, a sua composição e a estrutura em grande escala que surgiu como resultado da aglomeração gravitacional. Estas pequenas variações de temperatura, hoje detectáveis, assinalam as flutuações de densidade que acabariam por conduzir à formação de galáxias, revelando ecos do cosmos apenas momentos após o seu nascimento.

Além disso, o CMBR forneceu fortes provas da teoria do Big Bang, desafiando modelos alternativos de evolução cósmica. Ao mapear a distribuição e as caraterísticas do CMBR no céu, os cientistas têm conseguido aperfeiçoar a sua compreensão dos parâmetros cosmológicos, tais como a taxa de expansão, a densidade da matéria e a geometria global do Universo.

Para além do CMBR, o universo guarda segredos sob a forma de matéria escura e energia escura - componentes misteriosos que constituem aproximadamente 95% do cosmos. Apesar de ser invisível, a matéria escura exerce uma influência gravitacional significativa sobre a matéria visível, orientando a formação e o comportamento das galáxias. A sua existência é inferida a partir das velocidades de rotação das galáxias, que se movem a velocidades tão elevadas que se deveriam despedaçar se apenas a matéria visível estivesse presente. As observações de lentes gravitacionais, em que a luz de objectos distantes é desviada por corpos maciços, reforçam ainda mais a hipótese da existência de matéria escura.

Por outro lado, acredita-se que a energia escura é responsável pela expansão acelerada do universo. A sua natureza permanece indefinida, uma vez que não interage com a matéria de nenhuma forma convencional, o que torna difícil o seu estudo direto. No entanto, os seus efeitos são profundos, pois sugerem que o Universo não só está a expandir-se, como o faz a um ritmo crescente. A presença da energia escura indica que grande parte do cosmos funciona para além da nossa compreensão atual, levantando questões profundas sobre a natureza fundamental da realidade.

A descoberta da matéria escura e da energia escura revolucionou a nossa compreensão do cosmos, revelando um universo que é muito mais complexo e intrincado do que se imaginava anteriormente. Estes componentes invisíveis moldam a evolução do Universo, colocando questões profundas sobre o seu destino e natureza última. À medida que os investigadores continuam a investigar estes enigmas, são forçados a reavaliar as teorias estabelecidas e a considerar a possibilidade de que a nossa compreensão da física possa ter de ser expandida ou fundamentalmente revista.

O conceito de ecos do cosmos invisível convida à contemplação filosófica do nosso lugar no universo. A vastidão e a complexidade dos fenómenos cósmicos desafiam as perspectivas antropocêntricas, sugerindo que a humanidade não passa de um sussurro fugaz na grande narrativa do cosmos. À medida que nos aprofundamos nos mistérios da existência, somos obrigados a considerar a natureza da realidade, do conhecimento e da nossa busca de compreensão.

Além disso, estes ecos do cosmos antes do amanhecer levam-nos a confrontar as nossas limitações como observadores. Apesar de termos feito progressos incríveis na nossa compreensão do Universo, muito permanece indescritível. A grande maioria do Universo está para além da nossa deteção e os processos que governam o seu comportamento podem muitas vezes parecer paradoxais. Esta constatação pode evocar um sentimento de humildade, lembrando-nos que fazemos parte de uma história cósmica muito mais vasta que transcende a nossa existência individual.

Além disso, a procura de desvendar estes ecos cósmicos encoraja a colaboração interdisciplinar, fundindo conhecimentos da física, da astronomia, da filosofia e até da arte. Esta colaboração enriquece a nossa apreciação das complexidades do universo e das questões profundas que levanta sobre a própria existência. Fomenta um sentido de espanto e curiosidade, levando-nos a explorar não só as fronteiras científicas do cosmos, mas também as implicações filosóficas e existenciais das nossas descobertas.

Os ecos do cosmos invisível antes do amanhecer convidam-nos a explorar as origens, a estrutura e a dinâmica do nosso universo. Através do estudo de vestígios como o CMBR, da influência da matéria escura e da energia escura e das implicações filosóficas da nossa viagem cósmica, expandimos a nossa compreensão do Universo e do nosso lugar nele. À medida que continuamos a sondar as profundezas do cosmos, descobrimos não só os segredos do universo, mas também as questões fundamentais que definem a nossa existência.

Estes ecos servem como lembretes da interligação de todas as coisas, incitando-nos a considerar o nosso papel na narrativa cósmica. Inspiram-nos a continuar a nossa busca de conhecimento e compreensão, alimentando o espírito humano de exploração e descoberta. Ao fazê-lo, abraçamos a beleza e o mistério do universo, celebrando a viagem de investigação que temos pela frente.

A história do universo é uma narrativa grandiosa, que começa numa enigmática época pré-Planck até às diversas estruturas que observamos hoje, incluindo o extraordinário fenómeno dos buracos negros. Para compreender esta evolução é necessário mergulhar em domínios teóricos que alargam a nossa compreensão da física. A época pré-Planck refere-se aos primeiros momentos do Universo, um tempo antes de a nossa atual compreensão das leis físicas se aplicar plenamente. Em contrapartida, o buraco negro de Bardeen introduz um modelo inovador que alarga a nossa compreensão da mecânica dos buracos negros. Este discurso tem como objetivo percorrer este caminho intrigante, destacando a transição dos misteriosos primórdios do cosmos para as implicações da física dos buracos negros na nossa compreensão do universo.

A época pré-Planck representa um período em que o universo existia num estado de temperatura e densidade extremas, condições tão extremas que as nossas leis convencionais da física - particularmente as da mecânica quântica e da relatividade geral - deixaram de ser aplicáveis. Durante esta época, acredita-se que as quatro forças fundamentais da natureza (gravitacional, electromagnética, fraca e forte) foram unificadas numa única força, operando sob uma estrutura teórica que permanece indefinida.

A falta de uma teoria definitiva para esta época coloca desafios significativos aos cosmólogos. Os modelos actuais sugerem que, durante este período, o Universo foi dominado por flutuações quânticas, em que o próprio tecido do espaço-tempo pode ter estado num estado caótico, em constante flutuação. Estas flutuações quânticas podem ter preparado o terreno para o período inflacionário subsequente, levando à expansão e arrefecimento do Universo.

Compreender a natureza da época pré-Planck é crucial para a construção de um modelo cosmológico abrangente. Os físicos teóricos debatem-se com conceitos como o multiverso, em que múltiplos universos poderiam emergir de flutuações quânticas, cada um com leis físicas diferentes. Embora estas ideias permaneçam especulativas, ilustram as vastas possibilidades que se encontram para além da nossa atual compreensão do universo.

Quando o Universo transitou da época pré-Planck para a era Planck, começou a arrefecer, permitindo a formação de partículas elementares e a eventual criação de estruturas atómicas. Esta transição marcou o início do Big Bang, um acontecimento crucial que levou à formação do universo tal como o conhecemos.

A era de Planck é caracterizada por condições em que tanto os efeitos quânticos como as forças gravitacionais são significativos. Teorias como a teoria das cordas e a gravitação quântica em anel tentam conciliar a mecânica quântica com a relatividade geral durante esta fase. Estas teorias exploram a natureza fundamental do espaço-tempo, propondo que este pode não ser contínuo, mas antes composto por unidades discretas.

Embora os mecanismos exactos que regem esta transição permaneçam em grande parte teóricos, as implicações são profundas. Sugerem que as condições iniciais do Universo desempenharam um papel crucial na formação da sua estrutura e comportamento em grande escala. A compreensão destas condições permite aos cosmólogos desenvolver modelos que prevêem a evolução das estruturas cósmicas ao longo do tempo, conduzindo às galáxias, estrelas e planetas que observamos atualmente.

À medida que nos aventuramos mais na evolução do Universo, deparamo-nos com o conceito de buracos negros - regiões do espaço-tempo que exibem efeitos gravitacionais tão fortes que nada, nem mesmo a luz, consegue escapar-lhes. Tradicionalmente, os buracos negros são caracterizados por singularidades nos seus centros, pontos onde se pensa que a matéria é infinitamente densa e que as leis da física se quebram.

O buraco negro de Bardeen, proposto pelo físico John Bardeen na década de 1960, representa um desvio significativo em relação aos modelos tradicionais. Ao contrário dos buracos negros clássicos, que são definidos por singularidades, o modelo de Bardeen introduz uma solução de buraco negro regular que evita completamente a singularidade. Isto é conseguido através da introdução de um parâmetro que incorpora efeitos electromagnéticos, conduzindo a uma estrutura mais complexa que mantém um núcleo não-singular.

As implicações do buraco negro de Bardeen são profundas, pois desafiam a compreensão convencional da formação e estrutura dos buracos negros. Neste modelo, o núcleo do buraco negro permanece finito, oferecendo uma visão sobre a natureza das singularidades e o seu papel na estrutura do espaço-tempo. O buraco negro de Bardeen serve assim de ponte entre as teorias clássica e quântica, fornecendo uma estrutura para explorar a intersecção da gravidade e da mecânica quântica.

O estudo do buraco negro de Bardeen levanta questões intrigantes sobre a natureza da gravidade e a sua relação com a mecânica quântica. À medida que os físicos continuam a explorar os mistérios dos buracos negros, debatem-se com desafios como o paradoxo da informação, que questiona se a informação se perde quando os objectos caem num buraco negro. A resolução deste paradoxo pode ser a chave para uma compreensão mais profunda do universo, conduzindo potencialmente a uma teoria unificada da gravidade quântica.

Além disso, a investigação sobre buracos negros, incluindo o modelo de Bardeen, tem implicações para a nossa compreensão do destino final do

Universo. Conceitos como a radiação Hawking sugerem que os buracos negros podem emitir partículas e perder massa ao longo do tempo, levando potencialmente à sua eventual evaporação. Este processo levanta questões sobre o ciclo de vida dos buracos negros e o seu papel no ecossistema cósmico.

A exploração dos buracos negros também convida à contemplação filosófica sobre a natureza da realidade, a causalidade e os limites da compreensão humana. À medida que nos aprofundamos nestas regiões enigmáticas do espaço-tempo, somos desafiados a reconsiderar os nossos pressupostos fundamentais sobre o universo e o nosso lugar no mesmo

A viagem desde a época pré-Planck até ao buraco negro de Bardeen representa uma exploração fascinante da evolução do Universo. Desde os misteriosos inícios da história cósmica até às intrincadas estruturas que observamos atualmente, cada passo revela novos conhecimentos sobre a natureza fundamental da realidade. A interação entre a mecânica quântica, a gravidade e o comportamento dos buracos negros desafia a nossa compreensão do universo e inspira uma investigação contínua.

À medida que continuamos a explorar estes mistérios cósmicos, abraçamos o espírito de curiosidade e investigação que tem impulsionado a procura de conhecimento por parte da humanidade. Os ecos da época pré-Planck e as profundas implicações da física dos buracos negros recordam-nos que o universo é muito mais complexo do que podemos compreender. Nesta busca, celebramos a beleza e a complexidade do cosmos, avançando para o desconhecido com um sentido de maravilha e descoberta. Há quarenta publicações independentes reunidas para compor este livro científico. Todas as publicações científicas são apresentadas a negrito e em itálico.

IJAZ UR RAHMAN DURRANI

O autor

Lahore, Paquistão

Datação: 19 de outubro de 2024.

Título : Exploring 4D Solitons: Propriedades, Dinâmica e Aplicações

Por Dr. Ijaz Durrani

MD/TIED

+92-3008459029

Resumo: Este artigo investiga a natureza dos solitões 4-dimensionais (4D), as suas propriedades, dinâmica e potenciais aplicações. Os solitões são pacotes de ondas localizadas que mantêm a sua forma enquanto viajam a uma velocidade constante. Enquanto os solitões 1D e 2D são bem estudados, os solitões 4D apresentam desafios e oportunidades únicas devido à sua estrutura de maior dimensão. Este estudo examina os fundamentos teóricos, as descrições matemáticas e as implicações práticas dos solitões 4D, contribuindo para uma compreensão mais ampla dos fenómenos de dimensão superior na dinâmica não linear.

1. Introdução Os solitões têm sido estudados extensivamente em dimensões inferiores, particularmente em uma e duas dimensões, onde se sabe que surgem em vários contextos físicos. No entanto, o estudo dos solitões em 4D continua relativamente incipiente. Este artigo tem por objetivo fornecer uma visão global dos solitões 4D, incluindo as suas definições, antecedentes teóricos e potenciais aplicações na física e noutros domínios.

2. Quadro **teórico**

2.1. **Descrição matemática** Os solitões 4D são soluções de equações diferenciais parciais (EDP) não lineares num espaço-tempo de quatro dimensões. A forma geral de um solitão 4D é governada por equações semelhantes às de dimensões inferiores, mas com uma complexidade acrescida devido à dimensão espacial extra. Iremos explorar EDPs específicas, tais como a equação de Kadomtsev-Petviashvili (KP) 4D e a equação de sine-Gordon 4D, e as suas soluções de solitões. [1]

2.2 Existência e estabilidade Investigamos as condições sob as quais os solitões 4D existem e as suas propriedades de estabilidade. Isto envolve a análise dos critérios de existência e estabilidade de soluções de solitões em quatro dimensões utilizando métodos como a teoria das perturbações e simulações numéricas.

3. Dinâmica de solitões 4D

3.1. **Interação com outros solitões** Num espaço tetradimensional, os solitões podem interagir de formas mais complexas do que os seus homólogos de dimensões inferiores. Esta secção examina a interação de solitões 4D, incluindo colisões e fenómenos de fusão.

3.2. **Propagação e Evolução** A propagação de solitões 4D envolve a exploração da forma como se movem e evoluem ao longo do tempo numa estrutura tetradimensional. Isto inclui estudar a sua velocidade, a preservação da forma e os efeitos de perturbações externas.

4. Aplicações dos solitões 4D

4.1. **Física** O estudo dos solitões 4D pode fornecer informações sobre as teorias de campos de alta dimensão e a relatividade geral. As aplicações potenciais incluem a compreensão de fenómenos em modelos cosmológicos de dimensão superior e o comportamento de campos em teorias extra-dimensionais. [1]

4.2. **Engenharia e tecnologia** Em engenharia, os solitões 4D podem ter implicações em materiais avançados e na propagação de ondas em meios complexos. As suas propriedades podem ser aplicadas ao desenvolvimento de novos sistemas de comunicação e de tecnologias de imagiologia.

5. Simulações Numéricas Esta secção apresenta simulações numéricas de solitões 4D, ilustrando as suas propriedades e comportamento. São utilizadas técnicas como os métodos de rede e a análise de elementos finitos para modelar e visualizar os solitões 4D e as suas interações.

6. Conclusão e trabalho futuro O estudo dos solitões 4D abre novas vias para a investigação em ciências teóricas e aplicadas. O trabalho futuro deve centrar-se na exploração das propriedades matemáticas, na verificação experimental e nas potenciais aplicações dos solitões 4D. Os esforços de colaboração entre disciplinas serão cruciais para o avanço da nossa compreensão destas estruturas complexas. [1]

Referências

[1] https://arxiv.org/pdf/2408.16554

O que são Anyons? Uma Exploração da Estatística Fraccional em Sistemas de Baixa Dimensão

Resumo:
Os aniões representam uma classe de quase-partículas que emergem em sistemas bidimensionais, caracterizadas pelas suas propriedades estatísticas únicas que diferem das dos bosões e férmions. Ao contrário das partículas tradicionais que obedecem às estatísticas de Bose-Einstein ou Fermi-Dirac, os aniões exibem estatísticas fraccionadas, o que conduz a novos fenómenos como os efeitos Hall quânticos fraccionados e a potenciais aplicações na computação quântica. Este documento apresenta uma panorâmica dos aniões, os seus fundamentos teóricos, realizações experimentais e implicações para as tecnologias quânticas.

1. Introdução

O conceito de aniões surge do estudo da estatística das partículas em sistemas de dimensão inferior, particularmente em duas dimensões. Enquanto os bosões e os férmions aderem a estatísticas de spin inteiro ou meio-inteiro, os anyons exibem estatísticas fraccionais, reflectindo um profundo afastamento das descrições tradicionais da mecânica quântica. A descoberta de aniões abriu novas vias na física da matéria condensada, oferecendo conhecimentos sobre sistemas quânticos complexos e potenciais aplicações na computação quântica. [1]

2. Enquadramento teórico

2.1 Classificação Estatística das Partículas No espaço tridimensional, as partículas são classificadas como bosões ou férmions com base nas suas propriedades de simetria sob troca de partículas. Os bosões obedecem à estatística de Bose-Einstein, enquanto os férmions seguem a estatística de Fermi-Dirac. Estas classificações são determinadas pelo teorema da estatística de spin da mecânica quântica, que se baseia nas dimensões do espaço.

2.2 Estatísticas fraccionárias em duas dimensões Em sistemas bidimensionais, a troca de partículas pode conduzir a estatísticas de entrançamento não triviais. As funções de onda da mecânica quântica destas partículas adquirem um fator de fase após a troca, que pode ser diferente das habituais fases 0 ou π observadas em três dimensões. Isto resulta numa classe mais vasta de estatísticas conhecidas como estatísticas fraccionárias ou anyónicas. Matematicamente, o fator de fase associado à troca de dois aniões é dado por $e^{i\theta}$, onde θ pode ser qualquer valor entre 0 e π.[2]

3. Tipos de Anyons

3.1 Aniões abelianos Os aniões abelianos são descritos por um fator de fase que depende apenas da troca de partículas. O exemplo mais famoso é o estado de Laughlin no efeito Hall quântico, em que a fase estatística é e^i2π/k, sendo k um número inteiro. Os aniões abelianos estão frequentemente associados a estados Hall quânticos fraccionários[2].

3.2 Quaisquer não-Abelianos Os quaisquer não-Abelianos têm estatísticas de troca mais complexas. A troca de dois anyons não-Abelianos altera o estado quântico do sistema de uma forma que não pode ser descrita por um simples fator de fase, mas sim por uma transformação unitária no espaço de Hilbert do sistema. Estes aniões são de grande interesse devido à sua potencial utilização na computação quântica topológica, em que a informação quântica é armazenada na trança de aniões.

4. Realizações experimentais

4.1 Sistemas Hall Quânticos O efeito Hall quântico fraccionado (FQHE) fornece uma plataforma para a observação de aniões. Nos sistemas FQHE, acredita-se que as excitações de baixa energia são anyons, com cargas e estatísticas fraccionadas. As provas experimentais da existência de aniões abelianos incluem a medição da carga fraccionada e a observação de platôs Hall quânticos não-inteiros.

4.2 Férmions de Majorana Os férmions de Majorana, teoricamente relacionados com os aniões não-Abelianos, têm sido procurados em sistemas de matéria condensada como os isoladores topológicos e os supercondutores. Prevê-se que apresentem estatísticas não abelianas e que tenham aplicações potenciais na computação quântica tolerante a falhas[3].

5. Implicações para a computação quântica

Os aniões, em particular os aniões não-Abelianos, oferecem vias promissoras para a computação quântica. O entrançamento destas partículas pode ser utilizado para efetuar cálculos quânticos de uma forma que é robusta contra erros locais. Tal deve-se à natureza topológica dos estados quânticos associados aos aniões, que proporciona uma forma de correção de erros intrinsecamente integrada no processo computacional[4].

6. Conclusão

Os aniões representam um desvio significativo da estatística convencional das partículas, com implicações tanto para a física fundamental como para as tecnologias quânticas aplicadas. medida que a investigação progride, as investigações teóricas e experimentais continuarão a aprofundar a nossa compreensão dos aniões e das suas potenciais aplicações nas tecnologias de computação da próxima geração.

Referências

1. Wilczek, F. (1990). "Estatística fracionária e Anyons". *Physical Review Letters*, 49(14), 957-959.
2. Laughlin, R. B. (1983). "Efeito Hall Quântico Anómalo: Um Fluido Quântico Incompressível com Excitações Fracamente Carregadas". *Physical Review Letters*, 50(18), 1395-1398.
3. Kitaev, A. (2003). "Computação quântica tolerante a falhas por Anyons". *Annals of Physics*, 303(1), 2-30.
4. Moore, G., & Read, N. (1991). "Estatísticas nãoabelianas e distinções topológicas entre estados de Hall quântico". *Nuclear Physics B*, 360(2), 362-396.

O Escurecimento de um Áxion: Implicações teóricas e perspectivas de observação

Resumo

Os axiões, partículas elementares hipotéticas propostas para resolver o problema da CP forte na cromodinâmica quântica (QCD), são também considerados candidatos promissores para a matéria escura. Este artigo explora o conceito de "escurecimento" no contexto dos axiões - interpretado como o seu papel e comportamento no sector da matéria negra. Examinamos os fundamentos teóricos dos axiões, as suas potenciais interações com a matéria escura e as implicações para a astronomia observacional e a física de partículas.

1. Introdução

O áxion foi introduzido no final da década de 1970 por Peccei e Quinn como uma solução para o problema do CP forte na QCD. Para além do seu papel na física das partículas, o áxion foi proposto como candidato a matéria escura fria. Desenvolvimentos teóricos e experimentais recentes reacenderam o interesse pelos axiões. Este artigo explora o conceito de "escurecimento" dos axiões, centrando-se nas suas interações, no potencial de deteção de matéria escura e nas implicações para a nossa compreensão do universo. [1]

2. Enquadramento teórico

2.1 **Introdução ao Axion**

O axónio é uma partícula pseudo-escalar que surge do mecanismo Peccei-Quinn, concebido para resolver o problema do CP forte. A sua massa e constantes de acoplamento são determinadas por parâmetros do modelo QCD do axónio. O campo do áxion adquire um valor de expetativa no vácuo, levando a uma massa pequena mas não nula e a interações com outras partículas. [2]

2.2 **Ligação com a matéria negra**

Os axiões são propostos como candidatos a matéria escura porque as suas propriedades se alinham com as caraterísticas exigidas para a matéria escura: não relativistas, com interação fraca e abundantes no Universo. Espera-se que a massa do áxion esteja na faixa de 10^{-6} a 10^{-2} eV.

3. O fenómeno do escurecimento

3.1 **Conceito de escurecimento**

O termo "escurecimento" refere-se ao papel do axónio no sector da matéria escura, que envolve a compreensão da forma como os axiões interagem com a matéria escura e influenciam as estruturas cosmológicas. O termo também representa metaforicamente a transição dos axiões de previsões teóricas para efeitos observáveis nos estudos da matéria escura. [3]

3.2 **Interações axiónicas**

Os axiões podem interagir com outros componentes da matéria escura através dos seus acoplamentos com fotões, electrões e outras partículas. A força destas interações pode afetar a formação de estruturas cósmicas e a distribuição da matéria escura.

4. Perspectivas de observação

4.1 **Métodos de deteção**

Foram propostos vários métodos para a deteção de axiões, incluindo: [4]

- **Haloscópios de áxions**: Deteção de axiões através da sua conversão em fotões num campo magnético forte.

- **Telescópios de áxions**: Procura de axiões através dos seus efeitos na radiação cósmica de fundo em micro-ondas (CMB) e outras observações astrofísicas.
- **Deteção direta**: Utilização de detectores ultra-sensíveis para observar interações de axiões com matéria normal.

4.2 **Desafios experimentais**

Os desafios na deteção de axiões incluem as suas interações fracas, a sua baixa massa e a necessidade de equipamento altamente sensível. Os avanços na tecnologia e nas técnicas experimentais são cruciais para ultrapassar estes desafios.

5. Implicações para a Cosmologia e a Física das Partículas

5.1 **Modelos cosmológicos**

A presença de axiões como candidatos a matéria escura tem impacto nos modelos cosmológicos, incluindo a formação de estruturas e a evolução do universo. As suas interações com outros componentes da matéria escura podem influenciar a distribuição e o comportamento da matéria escura. [5]

5.2 **Física das partículas**

Os axiões permitem compreender a natureza das partículas e forças fundamentais. A compreensão das suas propriedades e interações pode conduzir a novas descobertas no domínio da física das partículas e da cosmologia. [6]

6. Conclusão

O "escurecimento" de um áxion envolve a sua transição de um conceito teórico para um componente influente no sector da matéria escura. A exploração dos áxions e das suas interações com a matéria escura oferece um potencial significativo para o avanço da nossa compreensão do universo e da física fundamental.

Referências

[1] Peccei, R.D., & Quinn, H.R. (1977). Conservação de CP na Presença de Instantons. *Physical Review Letters*, 38(25), 1440-1443. [2] Weinberg, S. (1978). Um Novo Bosão de Luz? *Physical Review Letters*, 40(4), 223-226.

[3] Wilczek, F. (1978). Problema da Invariância Forte de P e T na Presença de Instantons. *Physical Review Letters*, 40(5), 279-282.

[4] Arias, P., et al. (2012). O Papel dos Axions no Universo Inicial. *Journal of Cosmology and Astroparticle Physics*, 2012(09), 012.

[5] Ringwald, A. (2016). Física do áxion. *Revisão Anual de Ciência Nuclear e de Partículas*, 66, 199-225.

[6] https://arxiv.org/pdf/2409.02180

A Regra de Born Derivada da Terceira Lei de Newton: Uma Correspondência Clássico-Quantum

Resumo: A regra de Born é uma pedra angular da mecânica quântica, ditando a distribuição de probabilidades dos resultados das medições. Apesar do seu papel fundamental, as origens da regra permanecem algo obscuras. Este artigo explora uma nova abordagem, derivando a regra de Born da Terceira Lei de Newton, tipicamente um princípio da mecânica clássica. Propomos que os princípios de simetria e conservação inerentes à Terceira Lei de Newton oferecem uma base intuitiva para a natureza probabilística da mecânica quântica, fazendo a ponte entre as descrições clássica e quântica da realidade.

1. Introdução A regra de Born, introduzida por Max Born em 1926, fornece a distribuição de probabilidades para os resultados de medições quânticas. Tradicionalmente, é considerada como um postulado da mecânica quântica sem derivação direta de princípios mais fundamentais. Em contraste, a Terceira Lei de Newton, um princípio da mecânica clássica, afirma que para cada ação existe uma reação igual e oposta. Neste artigo, exploramos a possibilidade de derivar a regra de Born usando a simetria inerente à Terceira Lei de Newton, sugerindo assim uma correspondência clássico-quântica.

2. Enquadramento teórico

2.1. Regra de Born A regra de Born estabelece que a probabilidade P de encontrar uma partícula num determinado estado é proporcional ao quadrado da amplitude da função de onda associada a esse estado, ou seja

$$P=|\psi|^2$$

em que ψ é a função de onda do sistema[1,2].

2.2. Terceira Lei de Newton A Terceira Lei de Newton afirma que as forças entre dois corpos em interação são iguais em magnitude e opostas em direção:

$$F12= -F21$$

Este princípio reflecte a conservação do momento e é uma manifestação das simetrias subjacentes à física clássica[3].

3. Metodologia

3.1. Princípios de simetria e conservação Começamos por considerar um sistema quântico com um análogo clássico bem definido. A Terceira Lei de Newton sugere um equilíbrio na ação e na reação, o que implica uma simetria no sistema. A nossa hipótese é que esta simetria poderia estender-se ao domínio quântico, onde se manifesta como a conservação de amplitudes de probabilidade.

3.2. Construindo a Correspondência: Consideramos um sistema de duas partículas em mecânica clássica, em que cada partícula exerce uma força sobre a outra. O par ação-reação conserva o momento, de forma análoga à conservação da probabilidade na mecânica quântica. Ao impor uma restrição de simetria às funções de onda que representam estas partículas, obtemos uma forma funcional que satisfaz este equilíbrio.

Sejam as funções de onda representadas por $\psi 1$ e $\psi 2$ para as duas partículas. A restrição de simetria impõe uma condição:

$${}_1|\psi|^2 + | \psi_2 | = 1^2$$

que é uma lei de conservação análoga à conservação do momento.

4. Derivação da regra de Born

4.1. Amplitudes de probabilidade e forças Postulamos que a interação entre estados quânticos pode ser modelada como uma troca de "forças" num quadro probabilístico. Tal como as forças na Terceira Lei de Newton são iguais e opostas, as amplitudes de probabilidade têm de satisfazer uma relação semelhante para garantir que a probabilidade total se mantém conservada.

A probabilidade P associada a um estado quântico é então dada por:

$$P(\psi)=|\psi|^2 \,|\,/|\ \psi_1|^2 + |\ \psi_2|^2$$

o que simplifica a regra de Born:

$$P(\psi)=|\psi|^2$$

4.2. Generalização para sistemas de N partículas Estendendo esta abordagem a um sistema quântico de N partículas, generalizamos a condição de simetria para:

$\sum$ ⍰ψ_i $|^2 = 1$ somado *de i=1* a i=N

Esta generalização conduz naturalmente à interpretação probabilística da mecânica quântica, tal como encapsulada pela regra de Born.

5. Discussão

A derivação da regra de Born a partir da Terceira Lei de Newton fornece uma correspondência intuitiva clássico-quântica, sugerindo que a natureza probabilística da mecânica quântica pode ter as suas raízes em princípios de simetria clássicos. Esta abordagem não só oferece uma nova perspetiva sobre a regra de Born, como também sugere ligações mais profundas entre a física clássica e a física quântica.

6. Conclusão

Neste artigo, mostrámos que a regra de Born pode ser derivada da Terceira Lei de Newton, considerando os princípios de simetria e conservação inerentes à mecânica clássica. Esta derivação fornece uma nova perspetiva sobre a estrutura probabilística da mecânica quântica, realçando o potencial dos análogos clássicos para informar a nossa compreensão dos fenómenos quânticos.

Referências

1. Born, M. (1926). Zur Quantenmechanik der Stoßvorgänge. *Zeitschrift für Physik*, 37(12), 863-867.
2. Feynman, R. P., Leighton, R. B., & Sands, M. (1964). *The Feynman Lectures on Physics Vol. I*. Addison-Wesley.
3. Newton, I. (1687). *Philosophiæ Naturalis Principia Mathematica*. London: Jussu Societatis Regiæ ac Typis Joseph Streater.

A Era Imediatamente Após o Big Bang: Transição de t=0 para a Época de Planck

Resumo: O período imediatamente a seguir ao Big Bang, a transição de t=0 para a Época de Planck ($t \approx 10^{-34}$ segundos), continua a ser uma das fases mais profundas e menos compreendidas da cosmologia. Este artigo explora modelos teóricos e hipóteses sobre os eventos que podem ter ocorrido durante esta transição crítica. Examinamos as condições em t=0, a evolução do espaço-tempo e o início da Época de Planck. A discussão inclui considerações sobre a gravidade quântica, os mecanismos potenciais para a fase inflacionária e as implicações para a formação do universo primitivo.

1. Introdução

O Big Bang representa a origem do nosso universo, caracterizado por uma singularidade inicial onde se pensa que a densidade e a temperatura são infinitas. Compreender o que aconteceu imediatamente após t=0 e a transição para a Época de Planck é crucial para desenvolver uma imagem completa do início do universo. Este artigo investiga os cenários possíveis e os quadros teóricos que descrevem esta fase inicial, incluindo os efeitos da gravidade quântica, o início da inflação e a natureza da Época de Planck[1].

2. Enquadramento teórico

2.1 A Singularidade Inicial (t=0) Em t=0, acredita-se que o universo teve origem numa singularidade com densidade e temperatura infinitas. A relatividade geral tradicional falha neste ponto, e é necessária uma teoria da gravidade quântica para descrever as condições com exatidão. A singularidade representa um limite onde a nossa compreensão atual da física deixa de ser aplicável.

2.2 Transição para a Época de Planck A Época de Planck é definida como o período entre $t \approx 10^{-43}$ segundos e $t \approx 10^{-34}$ segundos, onde os efeitos gravitacionais quânticos dominam. Durante esta época, as forças e partículas fundamentais foram unificadas, e os efeitos das flutuações quânticas desempenharam um papel significativo na formação do universo primitivo[2].

3. Gravidade quântica e condições iniciais

3.1 Modelos de Gravidade Quântica As teorias de gravidade quântica, tais como a Gravidade Quântica em Laço (GQL) e a Teoria das Cordas, fornecem quadros para compreender as condições em t=0 e a transição para a Época de Planck. A LQG sugere que o espaço-tempo é quantizado e composto por estruturas discretas, enquanto a Teoria das Cordas propõe um quadro fundamental em que as partículas são cordas unidimensionais que vibram a diferentes frequências[3].

3.2 O papel das flutuações quânticas As flutuações quânticas em t=0 poderiam ter levado à criação de perturbações da densidade primordial. Estas flutuações influenciariam a evolução subsequente do Universo, conduzindo potencialmente à fase inflacionária. O estudo das flutuações quânticas ajuda a compreender como as condições iniciais deram origem à estrutura em grande escala do Universo.

4. O Início da Época de Planck

4.1 Teorias da Inflação A transição para a Época de Planck pode ter sido seguida por um período de rápida expansão conhecido como inflação cósmica. A teoria da inflação postula que o Universo sofreu um crescimento exponencial, impulsionado por um campo de alta energia chamado inflação. Esta expansão resolveria certas questões em cosmologia, tais como o problema do horizonte e o problema da planura.

4.2 Unificação das Forças Fundamentais Durante a Época de Planck, supõe-se que todas as forças fundamentais, incluindo a gravidade, o eletromagnetismo, a força nuclear forte e a força nuclear fraca, estavam unificadas. À medida que o Universo se expandiu e arrefeceu, estas forças separaram-se nas interações distintas que observamos hoje. O mecanismo preciso desta unificação e subsequente quebra de simetria continua a ser uma área de investigação ativa[4].

5. Implicações para o Universo Primitivo

5.1 Formação das Primeiras Partículas Com a transição do Universo da Época de Planck para as eras subsequentes, ocorreu a formação das primeiras partículas elementares, tais como quarks, leptões e bosões de calibre. A compreensão da formação e das interações das partículas durante este período é essencial para explicar a nucleossíntese subsequente e a formação dos primeiros átomos.

5.2 Sinais observacionais A evidência indireta dos eventos que ocorreram imediatamente após o Big Bang e durante a Época de Planck pode ser observada através do estudo da radiação cósmica de fundo (CMB) e da estrutura em grande escala. A análise das ondas gravitacionais primordiais e das perturbações de densidade pode fornecer informações sobre a dinâmica do Universo primitivo[4,5].

6. Desafios e direcções futuras

6.1 Desafios teóricos e experimentais Os modelos teóricos da Época de Planck e da transição de t=0t=0t=0 enfrentam desafios significativos devido às condições extremas envolvidas. O desenvolvimento de uma teoria unificada da gravidade quântica e a obtenção de provas empíricas são desafios críticos. São necessários avanços na física teórica e nas tecnologias de observação para responder a estes desafios.

6.2 Direcções futuras da investigação A investigação futura em gravidade quântica, física de partículas e cosmologia continuará a explorar as condições imediatamente após o Big Bang. Esforços experimentais, como medições de precisão da CMB e colisões de partículas de alta energia, podem oferecer novas perspectivas sobre este período enigmático da história cósmica.

7. Conclusão

A era imediatamente a seguir ao Big Bang, a transição para a Época de Planck, representa uma fase crucial na história do universo. A compreensão deste período exige uma síntese das teorias da gravidade quântica, dos modelos inflacionistas e dos dados observacionais. A investigação contínua e os avanços na física teórica e experimental melhorarão a nossa compreensão das origens e da evolução inicial do Universo.

Referências

- [1] Hawking, S. W., & Penrose, R. (1970). The Singularities of Gravitational Collapse and Cosmology (As Singularidades do Colapso Gravitacional e da Cosmologia). *Proceedings of the Royal Society of London A: Mathematical, Physical and Engineering Sciences*, 314(1519), 529-548.
- [2] Weinberg, S. (2008). Cosmology. *Oxford University Press*.
- [3] Linde, A. D. (1982). Um Novo Cenário de Universo Inflacionário: A Possible Solution of the Horizon, Flatness, Homogeneity, Isotropy, and Primordial Monopole Problems. *Physics Letters B*, 108(6), 389-393.

- [4] Rovelli, C. (2004). Quantum Gravity. *Cambridge University Press*.
- [5] Mukhanov, V. F., & Chibisov, G. V. (1981). Quantum Fluctuations and Large-Scale Structure of the Universe. *Soviet Physics JETP Letters*, 33, 532-536.

Capítulo II

Época Pré-Planck, Desigualdade de Bell Instantões, Gravitões, Buracos Negros , QED, Efeito Casimir

A desigualdade de Bell na mecânica quântica

Resumo

A desigualdade de Bell representa uma pedra angular na discussão entre a mecânica quântica e as teorias clássicas da realidade. Fornece um critério para distinguir entre as previsões da mecânica quântica e as derivadas das teorias clássicas de variáveis ocultas locais. Este artigo analisa a formulação da desigualdade de Bell, os seus testes experimentais e as implicações para a nossa compreensão do emaranhamento quântico e da não-localidade. Através da análise de experiências-chave e de conhecimentos teóricos, este trabalho visa elucidar o papel da desigualdade de Bell na demonstração das diferenças fundamentais entre a mecânica quântica e a física clássica.

1. Introdução

A desigualdade de Bell, derivada pelo físico John S. Bell em 1964, serve como um teste crucial da validade da mecânica quântica em comparação com as teorias clássicas de variáveis ocultas locais. A desigualdade é fundamental para explorar a natureza do emaranhamento quântico e da não-localidade, desafiando a noção clássica de localidade e realismo. Este artigo explora os fundamentos teóricos da desigualdade de Bell, as suas validações experimentais e as suas implicações para a filosofia da mecânica quântica. {1]

2. Fundamentos teóricos

2.1 Teorias de variáveis ocultas locais

As teorias das variáveis ocultas locais têm por objetivo explicar as correlações entre partículas quânticas recorrendo a princípios clássicos, defendendo que as partículas possuem propriedades predeterminadas (variáveis ocultas) que determinam os resultados das medições. De acordo com o realismo local, o resultado de uma medição numa partícula deve ser independente das medições efectuadas numa partícula emaranhada distante, aderindo ao princípio da localidade.

2.2 Teorema de Bell

O teorema de Bell fornece uma expressão formal para as limitações das teorias locais de variáveis ocultas. Bell deduziu uma desigualdade que deve ser satisfeita por qualquer modelo local de variáveis ocultas, mas que é violada pelas previsões da mecânica quântica. A forma geral da desigualdade de Bell é expressa como: [2,3]

$$S=\langle A(\theta_1)B(\phi_1)\rangle+\langle A(\theta_1)B(\phi_2)\rangle+\langle A(\theta_2)B(\phi_1)\rangle-\langle A(\theta_2)B(\phi_2)\rangle \leq 2$$

em que $\langle A(\theta)B(\phi)$ representa a correlação entre as medições A e B com ângulos θ e ϕ, respetivamente. Esta desigualdade deve ser válida para qualquer modelo de variável oculta local.

3. Ensaios experimentais

3.1 Experiência de aspeto

A experiência Aspect, conduzida por Alain Aspect no início da década de 1980, constituiu um teste fundamental da desigualdade de Bell. Aspect e a sua equipa mediram as correlações de polarização de pares de fotões emaranhados, encontrando violações da desigualdade de Bell que apoiavam as previsões da mecânica quântica e contradiziam as teorias locais de variáveis ocultas.

3.2 Clausen, J. S. et al. Experiência

Na sequência do trabalho de Aspect, outras experiências, como a de Clausen, J. S. et al., aperfeiçoaram as medições e colmataram potenciais lacunas. Estas experiências confirmaram a violação da desigualdade de Bell e reforçaram os argumentos a favor do emaranhamento quântico e da não-localidade. [4]

3.3 Experiências sem lacunas

Os avanços recentes têm-se concentrado em colmatar várias lacunas experimentais, como as lacunas de deteção e de localidade. Um trabalho notável inclui as experiências de teste de Bell "sem lacunas", que reforçaram ainda mais a violação da desigualdade de Bell e forneceram provas mais sólidas da descrição mecânica quântica da realidade.

4. Implicações para a mecânica quântica

4.1 Não-localidade e emaranhamento

A violação da desigualdade de Bell realça o fenómeno da não-localidade quântica, em que as partículas emaranhadas apresentam correlações que não podem ser explicadas por variáveis ocultas locais. Esta não-localidade desafia as noções clássicas de separabilidade e tem profundas implicações para a nossa compreensão do espaço e do tempo na mecânica quântica.

4.2 Interpretações filosóficas

A desigualdade de Bell tem implicações filosóficas significativas, influenciando interpretações da mecânica quântica como a interpretação de Copenhaga, a interpretação dos muitos mundos e as teorias do colapso objetivo. Os resultados dos testes de Bell apoiam as interpretações que abraçam a natureza não-local e probabilística da mecânica quântica, contrastando fortemente com as visões deterministas clássicas[5,6].

5. Observações finais

A desigualdade de Bell serve como um teste fundamental aos limites da física clássica e à validade da mecânica quântica. As violações experimentais da desigualdade de Bell não só validam as previsões da teoria quântica, como também fornecem informações sobre a natureza da realidade, o emaranhamento e a não-localidade. A investigação e as experiências em curso continuam a explorar os limites da mecânica quântica e a abordar questões não resolvidas sobre a natureza das correlações quânticas e o tecido da realidade.

Referências

1. Bell, J. S., "On the Einstein Podolsky Rosen Paradox", *Physics Physique Philosophy* (1964).
2. Aspect, A., Dalibard, J., e Roger, G., "Experimental Test of Bell's Inequalities Using Time Averages of Polarization Correlations between Pairs of Resonantly Fluorescing Atoms," *Physical Review Letters* (1982).
3. Clauser, J. F., Horne, M. A., Shimony, A., e Holt, R. A., "Proposed Experiment to Test Local Hidden-Variable Theories," *Physical Review Letters* (1969).

4. Aspect, A., Dalibard, J., e Roger, G., "Experimental Test of the Einstein-Podolsky-Rosen-Bohm Gedankenexperiment: A New Violation of Bell's Inequality," *Physical Review Letters* (1981).
5. Hensen, B., Bernien, H., Dréau, A. S., et al., "Loophole-Free Bell Test Using Electron Spins Separately Optically Pumped and Entangled," *Nature* (2015).

6. https://arxiv.org/pdf/2409.07597

A Possibilidade de Encontrar um Novo Universo Entrando e Saindo de um Buraco Negro: Perspectivas Teóricas

Resumo:
Neste artigo, exploramos as perspectivas teóricas de entrar e sair de um buraco negro (BH) e a possibilidade de encontrar um novo universo. Com base em conceitos da relatividade geral, da gravidade quântica e de modelos especulativos como os buracos de minhoca, a teoria do multiverso e a inflação cósmica, investigamos os mecanismos pelos quais os buracos negros podem servir de porta de entrada para universos alternativos ou regiões distantes do espaço-tempo. Embora a fuga prática de buracos negros esteja para além das actuais capacidades científicas, examinamos vários cenários teóricos em que o horizonte de eventos e a singularidade poderiam ser contornados ou reutilizados como condutas para a criação de universos ou viagens cósmicas.

1.Introdução

Os buracos negros, tal como previsto pela relatividade geral, representam regiões do espaço onde a gravidade é tão forte que nada, nem mesmo a luz, pode escapar uma vez ultrapassado o horizonte de eventos. A sua natureza exótica levou a uma variedade de especulações teóricas, incluindo a possibilidade de entrar num buraco negro e sair num novo universo ou numa parte distante do espaço-tempo. Este artigo procura explorar e alargar estas possibilidades, recorrendo a uma série de teorias como os buracos de minhoca, a gravidade quântica e a hipótese do multiverso. A discussão, embora especulativa, tem como objetivo fornecer um quadro para a futura exploração da física dos buracos negros como potenciais portas de entrada para outros universos[1].

2. Fundamentos teóricos

2.1 **Buracos negros e o horizonte de eventos**

A caraterística que define um buraco negro é o seu horizonte de eventos, o ponto para além do qual a fuga se torna impossível. Para um buraco negro de Schwarzschild, este limite é definido como:

$$r = 2GM/c_s^2$$

onde r_s é o raio de Schwarzschild, G é a constante gravitacional, M é a massa do buraco negro e ccc é a velocidade da luz.

Embora a relatividade geral clássica sugira que, uma vez dentro do horizonte de eventos, é impossível escapar, novos conhecimentos da gravidade quântica e da física dos buracos de minhoca oferecem mecanismos potenciais para contornar esta restrição[2].

2.2 **Singularidade e Colapso Gravitacional**
No centro de um buraco negro encontra-se uma singularidade, onde a curvatura do espaço-tempo se torna infinita. A relatividade geral prevê a formação de singularidades no interior de buracos negros, levando ao colapso da física conhecida. A singularidade actua como uma região onde os efeitos quânticos dominam, abrindo a possibilidade de criação do universo, como sugerem os modelos de gravidade quântica em laço e certos cenários cosmológicos inflacionários.

3. Buracos de minhoca e pontes de Einstein-Rosen

3.1**Estruturas** de buraco de minhoca
Um buraco de minhoca, ou ponte de Einstein-Rosen, é um túnel hipotético que liga dois pontos distantes no espaço-tempo. Em teoria, tais estruturas poderiam existir no interior de buracos negros e servir como pontes para outros universos. A solução do buraco de minhoca para as equações de campo de Einstein descreve uma garganta que liga duas regiões do espaço-tempo. A métrica de Einstein-Rosen para um buraco negro de Schwarzschild descreve uma dessas soluções:

$$ds^2 =-(1-2GM/r)dt^2 +(1-2GM/r)^{-1} dr +r^{22} d\Omega^2$$

Embora tais pontes existam matematicamente, são consideradas instáveis e necessitariam de matéria exótica para se manterem atravessáveis. No entanto, se alguém sobrevivesse à viagem através de um buraco de minhoca, poderia teoricamente sair numa nova região do espaço-tempo, possivelmente num universo diferente[3].

3.2 Estabilização **de** buracos de minhoca
As abordagens teóricas para a estabilização de buracos de minhoca envolvem formas exóticas de matéria, como a energia negativa, que violam as condições clássicas de energia. Se tal matéria pudesse ser encontrada ou gerada, poderia manter a garganta do buraco de minhoca aberta o tempo suficiente para que um viajante a atravessasse. O efeito Casimir, que envolve flutuações do vácuo, pode oferecer um caminho para a geração de energia negativa em pequenas quantidades.

4. Buracos Brancos e a Reversão de Singularidades

4.1**Buracos** Brancos
Um buraco branco é uma contraparte hipotética de um buraco negro invertido no tempo. Enquanto um buraco negro aprisiona matéria e energia, um buraco branco expulsa-as. Se os buracos negros estiverem ligados a buracos brancos através de buracos de minhoca, a matéria que entra num buraco negro pode sair de um buraco branco num universo ou região do espaço-tempo diferente. Embora não existam provas observacionais da existência de buracos brancos, a sua existência é uma solução matemática consistente para as equações de Einstein[4].

4.2Buracos negros como **geradores** de universos
Alguns modelos cosmológicos sugerem que a singularidade no interior de um buraco negro pode ser a semente de um novo universo. Esta ideia está ligada à teoria da inflação cósmica, que descreve a rápida expansão do espaço-tempo durante o início do Universo. Se a singularidade de um buraco negro sofrer uma expansão semelhante, poderá dar origem a um novo universo, desligado do seu progenitor.

5. A hipótese do multiverso

5.1Multiverso **e** buracos negros
A **hipótese do multiverso** postula a existência de múltiplos universos, possivelmente infinitos, cada um com diferentes leis ou constantes físicas. Alguns físicos teorizam que os buracos negros podem servir de porta de entrada entre estes universos. Nesta perspetiva, um buraco negro poderia levar ao nascimento de um novo universo, e entrar num buraco negro poderia permitir a passagem para um universo com propriedades físicas completamente diferentes.

5.**2** Gravidade Quântica e Efeitos à Escala de Planck
As teorias da gravidade quântica, como a **gravidade quântica em loop** e **a teoria das cordas**, sugerem que as condições extremas no núcleo do buraco negro podem causar um "ressalto" em vez de um colapso, levando à criação do universo. Nesses cenários, os efeitos à escala de Planck que dominam perto da singularidade poderiam dar início ao nascimento de um novo cosmos, em que a singularidade do buraco negro funciona como o Big Bang de outro universo.

6. Efeitos de campo quântico e radiação Hawking

6.1 **Radiação Hawking e Evaporação de Buracos Negros**
De acordo com o famoso resultado de Stephen Hawking, os buracos negros emitem radiação devido a efeitos quânticos perto do horizonte de eventos. Com o tempo, esta radiação faz com que o buraco negro perca massa e acabe por se evaporar. A própria radiação transporta informação quântica, levantando questões sobre como a coerência quântica e a informação escapam dos buracos negros - questões cruciais no contexto da formação do universo.

6.**2Paradoxo da Informação Quântica**
Se um buraco negro conduz a um novo universo, isso levanta questões profundas sobre o destino da informação que cai no buraco negro. O **paradoxo da informação** pergunta se a informação é destruída ou se pode, de alguma forma, ser codificada no universo recém-formado. Soluções como o **princípio holográfico** propõem que a informação pode ser armazenada no horizonte de eventos, mesmo quando o buraco negro entra em colapso[3,5].

7.Conclusão
Embora a fuga de um buraco negro e o encontro com um novo universo permaneçam especulativos, os quadros teóricos fornecidos pelos buracos de minhoca, a teoria do multiverso e a gravidade quântica oferecem possibilidades intrigantes. Se os buracos negros estiverem, de facto, ligados a outras regiões do espaço-tempo ou mesmo a novos universos, poderão não só representar os pontos finais da matéria, mas também o início de reinos cósmicos inteiramente novos. É necessária mais investigação sobre a gravidade quântica, a inflação cósmica e as singularidades dos buracos negros para compreender se tais viagens poderão um dia ser possíveis.

Referências

1. Hawking, S.W. "Particle creation by black holes" (Criação de partículas por buracos negros). *Communications in Mathematical Physics*, 43.3 (1975): 199-220.
2. Penrose, R. "Gravitational collapse and space-time singularities". *Physical Review Letters* 14 (1965): 57-59.
3. Maldacena, J. "The large N limit of superconformal field theories and supergravity". *Avanços em Física Teórica e Matemática* 2.2 (1998): 231-252.

4. Einstein, A., Rosen, N. "O problema das partículas na teoria geral da relatividade". *Physical Review* 48 (1935): 73.
5. Ashtekar, A., Singh, P. "Loop quantum cosmology: A status report". *Gravidade Clássica e Quântica* 28.21 (2011): 213001.

Os Buracos Negros Projetam Sombras? Analisar o fenómeno das sombras dos buracos negros

Resumo

Este artigo investiga o fenómeno das sombras dos buracos negros, explorando as condições em que se formam e as implicações para a relatividade geral e a astrofísica. Derivamos o quadro matemático para descrever as sombras dos buracos negros, concentrando-nos no impacto da massa, do spin e da luz circundante do buraco negro. Também discutimos provas observacionais de imagens astronómicas recentes.

1. Introdução

- **Antecedentes**: Os buracos negros, regiões do espaço-tempo onde as forças gravitacionais são tão fortes que nada pode escapar-lhes, projectam teoricamente sombras contra o pano de fundo de matéria luminosa. Este fenómeno tem implicações significativas para a nossa compreensão da gravidade e da natureza da luz.
- **Motivação**: A compreensão das sombras de buracos negros fornece informações sobre as propriedades dos buracos negros e testa a relatividade geral em campos gravitacionais fortes. A primeira imagem direta da sombra de um buraco negro em M87* (Event Horizon Telescope Collaboration, 2019) abriu novos caminhos para a investigação.
- **Objectivos**: Este artigo tem como objetivo derivar as condições para a existência de sombras de buracos negros e analisar as suas assinaturas observacionais. [1]

2. Quadro teórico

- **2.1. Relatividade Geral e Buracos Negros** A solução de Schwarzschild para as equações de campo de Einstein descreve um buraco negro não rotativo:

$$ds^2 = -(1-(2GM)c^2\, r)c\; dt^{22} + (1-(2GM)/c^2\, r)^{-1}\; dr + r^{22}\; d\Omega\;,^2$$

onde M é a massa do buraco negro, G é a constante gravitacional, c é a velocidade da luz, e $d\Omega^2$ é a parte angular da métrica.

- **2.2. Esfera de fotões** A luz pode orbitar um buraco negro num raio conhecido como esfera de fotões, localizado a:

  r_{ph} =(3GM)/c^2

  Os fotões neste raio podem ficar presos em órbitas instáveis. O potencial efetivo da luz é dado por:

  V_{eff} (r)=(-GM)/r+L /2r ,^{22}

  em que L é o momento angular do fotão.

3. Sombras do Buraco Negro

- **3.1. Formação de Sombras** A sombra de um buraco negro pode ser entendida como a região da qual a luz não pode escapar devido à influência gravitacional do buraco negro. Para um buraco negro de Schwarzschild, o raio da sombra R_s é dado por:[1]

  R_s =3(3)$^{1/2}$ (GM)/c^2 ≈2,62GM/c^2

  3.2. Descrição matemática A geometria da sombra pode ser expressa em termos do ângulo θ subtendido pela sombra no ecrã do observador. Para um observador distante, o tamanho aparente da sombra $_{Rapparent}$ pode ser relacionado com o raio angular θ_s como:

  θ =R_{ss} /D,

  onde D é a distância ao buraco negro.

4. Provas de observação

- **4.1. Imagens de sombras de** buracos negros Observações recentes usando o Event Horizon Telescope capturaram imagens de sombras de buracos negros. Os dados são analisados ajustando os padrões de intensidade observados a modelos baseados nas equações acima.
- **4.2. Implicações das sombras** O tamanho e a forma da sombra podem revelar informações sobre a massa do buraco negro, o seu spin e a distribuição da matéria circundante. O desvio da sombra observada

em relação às previsões teóricas pode indicar potenciais modificações na relatividade geral.

5. Conclusão

Este artigo discute as condições em que os buracos negros projectam sombras e fornece um quadro matemático para analisar este fenómeno. As sombras dos buracos negros não são apenas um testemunho da natureza destes objectos enigmáticos, mas servem também como uma ferramenta crítica para testar a nossa compreensão da física fundamental.

Referências

[1] https://arxiv.org/pdf/2105.07101

Resolver a Singularidade do Buraco Negro: Abordagens e perspectivas teóricas

Resumo:

As singularidades dos buracos negros representam regiões no espaço-tempo onde a densidade se torna infinita e as leis da física, tal como as entendemos atualmente, deixam de se aplicar. Este artigo explora várias abordagens teóricas para a resolução de singularidades em buracos negros, incluindo modificações à relatividade geral, à gravidade quântica e a quadros teóricos alternativos. Discutimos as limitações dos modelos actuais e propomos vias potenciais para conciliar as singularidades com o quadro mais vasto da física moderna.

1. Introdução

A singularidade no centro de um buraco negro é um ponto em que as forças gravitacionais fazem com que a matéria tenha uma densidade infinita e um volume nulo, levando a um colapso das leis conhecidas da física. A resolução desta questão é crucial para o avanço da nossa compreensão dos buracos negros e da física fundamental. Este artigo analisa as teorias existentes e propõe potenciais métodos para resolver o problema da singularidade.

2. Relatividade Geral Clássica e Singularidades

A relatividade geral clássica prevê que as singularidades são um resultado inevitável da formação de buracos negros. Neste contexto, a singularidade é uma consequência inevitável das equações que regem a dinâmica dos buracos negros. No entanto, este modelo não fornece uma descrição completa das condições na singularidade devido aos valores infinitos da curvatura e da densidade[1].

3. Abordagens da Gravidade Quântica

3.1. Gravidade quântica em laço (LQG) A gravidade quântica em laço sugere que o espaço-tempo é quantizado à escala de Planck. Nesta abordagem, as singularidades podem ser resolvidas substituindo-as por um "salto quântico", em que a singularidade é substituída por uma região de elevada curvatura que transita suavemente para uma nova fase do espaço-tempo. Esta abordagem oferece uma solução potencial para as singularidades, eliminando o conceito de densidade infinita[1].

3.2. Teoria das cordas A teoria das cordas defende que as partículas fundamentais são "cordas" unidimensionais e não objectos pontuais. Neste contexto, as singularidades dos buracos negros podem ser resolvidas considerando os efeitos das interações das cordas e os efeitos de dimensão superior. Esta abordagem conduz a modificações no comportamento dos buracos negros e poderia fornecer um mecanismo para evitar as singularidades.

4. Modelos teóricos alternativos

4.1. Teorias da **Gravidade Modificadas** Várias teorias alternativas da gravidade, como a gravidade f(R) ou as teorias escalar-tensoriais, propõem modificações à relatividade geral que podem afetar a natureza das singularidades. Estes modelos introduzem frequentemente campos adicionais ou modificações nas equações de campo de Einstein, que podem atenuar ou alterar a formação de singularidades.

4.2. Restos de buracos negros Algumas teorias sugerem que os buracos negros podem deixar para trás "restos" após a evaporação, que são objectos com um tamanho e massa finitos. Estes restos podem oferecer uma forma de evitar singularidades, proporcionando um estado final finito e não-singular para os buracos negros.

5. Restrições observacionais e experimentais

A resolução das singularidades dos buracos negros não é apenas um desafio teórico, mas também um desafio observacional. Os dados observacionais actuais e futuros de fusões de buracos negros, ondas gravitacionais e imagens de horizontes de eventos podem fornecer testes indirectos destes modelos teóricos. Compreender como estes modelos se alinham com as evidências observacionais é crucial para a sua validação[1].

6. Conclusão e direcções futuras

A resolução das singularidades dos buracos negros continua a ser um dos desafios mais importantes da física teórica. Os avanços na gravidade quântica, nas teorias alternativas da gravidade e nas técnicas de observação são promissores para resolver esta questão. A investigação futura deve centrar-se no desenvolvimento de previsões testáveis a partir destas teorias e na melhoria das técnicas de observação para recolher dados que possam fornecer informações sobre a natureza das singularidades dos buracos negros[1].

Referências

[1] https://arxiv.org/pdf/2409.03006

Os Buracos Negros Projetam Sombras? Perspectivas Teóricas e Evidências Observacionais

Resumo

O conceito de buracos negros que projectam sombras é um tópico de grande interesse em astrofísica e cosmologia. Este artigo examina os fundamentos teóricos e as evidências observacionais relacionadas com as sombras projectadas pelos buracos negros. Exploramos os modelos de buracos negros de Schwarzschild e Kerr, discutimos a dinâmica do horizonte de eventos e da esfera de fotões, e analisamos dados observacionais recentes, incluindo a imagem inovadora de M87* do Event Horizon Telescope (EHT).

1. Introdução

Os buracos negros, regiões do espaço onde a gravidade é tão forte que nem a luz consegue escapar, intrigam cientistas e astrónomos há décadas. O fenómeno de um buraco negro que projecta uma sombra resulta da interação entre a luz e o horizonte de eventos do buraco negro. Este artigo investiga as previsões teóricas das sombras dos buracos negros e as técnicas de observação utilizadas para as detetar e analisar[1].

2. Enquadramento teórico

2.1 **Modelos de buracos negros**

- **Buracos negros de Schwarzschild**: O buraco negro de Schwarzschild é um buraco negro não rotativo e não carregado. O horizonte de eventos é um limite esférico para além do qual nada pode escapar. A sombra de um buraco negro de Schwarzschild é uma silhueta circular formada pela curvatura da luz em torno do horizonte de eventos.

- **Buracos negros de Kerr**: Os buracos negros de Kerr são buracos negros em rotação com um horizonte de eventos e um horizonte interno. A rotação faz com que a sombra do buraco negro seja distorcida e alongada, dependendo do ângulo de visão[2,3].

2.2 **Esfera de fotões e formação de sombras**

A esfera de fotões é uma região localizada fora do horizonte de eventos, onde a gravidade é suficientemente forte para forçar os fotões a entrar em órbitas instáveis. A sombra de um buraco negro é criada pela luz que passa perto da esfera de fotões mas não escapa para o infinito, sendo capturada pelo buraco negro ou curvando-se à sua volta.

3. Técnicas de observação

3.1 **Telescópio Event Horizon (EHT)**

O EHT é uma rede global de radiotelescópios concebida para observar o horizonte de eventos dos buracos negros. Em 2019, a colaboração EHT divulgou a primeira imagem da sombra do buraco negro supermassivo da galáxia M87, fornecendo provas diretas da existência de sombras de buracos negros.

3.2 **Caraterísticas da sombra**

O tamanho e a forma da sombra do buraco negro fornecem informações sobre as propriedades do buraco negro, incluindo a sua massa, rotação e a natureza da matéria circundante. As observações da sombra ajudam a confirmar a existência de buracos negros e a testar as previsões da relatividade geral.

4. Previsões Teóricas vs. Evidências Observacionais

4.1 **Comparação de modelos**

Os modelos teóricos prevêem que o tamanho e a forma da sombra variam com base nos parâmetros do buraco negro, tais como o spin e a carga. As observações de M87* efectuadas pelo EHT fornecem uma comparação valiosa com estas previsões, permitindo testar a relatividade geral e a física dos buracos negros[3].

4.2 **Conclusões actuais**

A sombra observada do M87* corresponde de perto às previsões teóricas para um buraco negro de Kerr, apoiando a validade da relatividade geral em campos gravitacionais fortes. O tamanho da sombra permite estimar a massa e a distância do buraco negro, enquanto a sua forma permite conhecer a sua rotação[4].

5. Implicações para a Astrofísica

5.1 **Teste da Relatividade Geral**

A observação das sombras de buracos negros constitui um teste à relatividade geral e às suas previsões de efeitos gravitacionais de campo forte. Os desvios em relação às formas esperadas das sombras podem indicar nova física ou modificações na nossa compreensão dos buracos negros.

5.2 **Compreender a acreção e os jactos dos buracos negros**

O estudo das sombras dos buracos negros também nos ajuda a compreender o processo de acreção e a formação de jactos relativistas. A interação entre o buraco negro e a matéria circundante afecta a sombra observada e as suas caraterísticas[5].

6. Direcções futuras

6.1 **Próximas observações**

Observações futuras com maior resolução e sensibilidade fornecerão informações mais pormenorizadas sobre as sombras dos buracos negros. A próxima geração de telescópios e técnicas de observação permitirá o estudo das sombras em diferentes buracos negros e em vários comprimentos de onda.

6.2 **Desenvolvimentos teóricos**

A investigação teórica em curso visa aperfeiçoar os modelos das sombras dos buracos negros, incluindo os efeitos de factores adicionais como os campos magnéticos e as interações mais complexas da matéria[6].

7. Conclusão

Os buracos negros projectam sombras em resultado da interação entre a luz e os seus horizontes de eventos. As previsões teóricas e as provas observacionais, incluindo o trabalho pioneiro do EHT, fornecem informações valiosas sobre as propriedades dos buracos negros e testam teorias fundamentais da física. A investigação contínua irá melhorar a nossa compreensão destes objectos enigmáticos e do seu papel no Universo.

Referências

[1] Einstein, A. (1915). Die Feldgleichungen der Gravitation. *Preussische Akademie der Wissenschaften*.

[2] Hawking, S.W., & Penrose, R. (1970). The Singularities of Gravitational Collapse and Cosmology (As Singularidades do Colapso Gravitacional e a Cosmologia). *Proceedings of the Royal Society A*, 314(1519), 529-548.

[3] Event Horizon Telescope Collaboration (2019). Primeiros resultados do telescópio M87 Event Horizon. *The Astrophysical Journal Letters*, 875(1), L1.

[4] Falcke, H., et al. (2000). A Sombra do Buraco Negro no Centro Galáctico. *Astronomia e Astrofísica*, 357, 487-494.

[5] Bambi, C., & Freese, K. (2009). The Shadow of a Non-rotating Black Hole (A Sombra de um Buraco Negro Não Rotativo). *Physical Review D*, 79(4), 043004.

[6] https://arxiv.org/pdf/2409.02594

Decoerência devido ao efeito Casimir: Uma Perspetiva da Teoria Quântica de Campos

Resumo:
Neste artigo, investigamos o fenómeno de decoerência quântica induzido pelo efeito Casimir, focando as suas implicações em sistemas próximos de fronteiras condutoras e em espaços confinados. O efeito Casimir, uma manifestação de flutuações quânticas do campo eletromagnético no vácuo, altera o estado quântico local, levando à decoerência de estados sobrepostos. Analisamos o mecanismo de decoerência em sistemas quânticos à medida que interagem com a força de Casimir e derivamos o quadro matemático que liga a decoerência induzida por Casimir às condições de fronteira impostas aos campos quânticos. Além disso, exploramos as potenciais aplicações deste processo de decoerência na tecnologia quântica, especialmente na computação quântica e na teoria da informação.

1. Introdução

O efeito Casimir, previsto pela primeira vez por Hendrik Casimir em 1948, é um fenómeno quântico que resulta das flutuações no vácuo de campos quânticos entre superfícies condutoras. Embora tradicionalmente estudado no contexto da eletrodinâmica quântica (QED) e da teoria quântica dos campos (QFT), a investigação recente tem explorado o seu impacto nos sistemas quânticos para além da força electromagnética, em particular o seu papel na decoerência quântica.

A decoerência quântica, o processo pelo qual um sistema quântico perde a sua coerência e transita de uma superposição de estados para uma mistura estatística clássica, é um desafio fundamental na computação quântica e noutras tecnologias baseadas na informação quântica. Neste documento, apresentamos uma análise pormenorizada da forma como o efeito Casimir contribui para a decoerência em sistemas quânticos, centrando-nos na sua dependência das condições de fronteira e de confinamento.[1]

2. Enquadramento teórico

2.1 **O Efeito Casimir**

O efeito Casimir é uma consequência direta das flutuações quânticas do vácuo do campo eletromagnético. Quando duas placas condutoras paralelas são colocadas no vácuo, o espetro de modos
de campo quântico permitidos entre elas é restringido. Isto leva a uma

diferença na densidade de energia entre a região interior e exterior das placas, resultando numa força atractiva mensurável. A magnitude desta força é dada por:

$$F = \pi c^2 \hbar c/240d^4$$

onde d é a separação entre as placas, $\hbar$ é a constante de Planck reduzida, e c é a velocidade da luz. Embora inicialmente explorados com campos electromagnéticos, efeitos análogos de Casimir surgem noutros campos sob restrições de fronteira semelhantes[2].

2.2 **Decoerência quântica**

A decoerência é um processo em que a interferência quântica entre estados sobrepostos se perde devido à interação de um sistema quântico com o seu ambiente. A matriz de densidade reduzida, ρ, do sistema evolui de tal forma que os elementos não diagonais (que representam a coerência quântica) tendem a decair:

$$\rho(t)=\sum c_{i,jij} \exp(-\Gamma_{ij}\, t)|i\rangle|j\rangle$$

Aqui, Γ_{ij} representa a taxa na qual a coerência é perdida entre os estados i e j. Para sistemas próximos às fronteiras de Casimir, a interação ambiental vem das flutuações do vácuo e das restrições impostas pela fronteira, alterando a coerência dos estados quânticos.

3. Decoerência induzida pelo efeito Casimir

3.1 **Interação entre campos quânticos e fronteiras**

Quando um sistema quântico é colocado perto de uma fronteira ou dentro de um espaço confinado, como entre duas placas condutoras, as flutuações quânticas do vácuo são alteradas pelas condições de fronteira. Estas flutuações interagem com o sistema quântico e induzem a decoerência. A influência do efeito Casimir na decoerência pode ser modelada modificando o Hamiltoniano do sistema para incluir termos de interação resultantes do campo quântico confinado.

Começamos por considerar o Hamiltoniano quântico para um sistema simples de dois estados próximo de uma fronteira:

$$H=H+H_{0C}$$

em que H_0 é o Hamiltoniano do sistema isolado e H_C representa a interação devida ao efeito de Casimir, que pode ser obtido a partir de expansões perturbativas dos modos do campo de vácuo limitados pelas condições de fronteira[3].

3.2 **Escala de tempo de decoerência**
A escala de tempo de decoerência para um sistema próximo de fronteiras condutoras pode ser aproximada por:

$\tau = \hbar / \Gamma_{DC}$

onde Γ_C é a taxa de decoerência induzida por Casimir. Esta taxa depende da separação entre as placas d, bem como dos níveis de energia do sistema. O efeito de decoerência cresce à medida que o sistema se aproxima das fronteiras ou à medida que o confinamento se torna mais severo, aumentando a interação entre o sistema quântico e o vácuo alterado.

3.3 **Modelo matemático da decoerência induzida por Casimir**
Para um oscilador harmónico quântico confinado entre placas de Casimir, podemos expressar a taxa de decoerência modificada em função da distância d entre as placas e da frequência ω do sistema:

$_C\,\Gamma \propto (1/d^4) \times (1/\omega)$

À medida que a distância d diminui, a força de Casimir aumenta e, consequentemente, a taxa de decoerência aumenta, levando a uma supressão mais rápida da coerência quântica.

4. Aplicações em tecnologia quântica

O estudo da decoerência devido ao efeito Casimir tem implicações significativas para as tecnologias que dependem da coerência quântica. Na computação quântica, por exemplo, os qubits podem ser afectados por fronteiras condutoras próximas, conduzindo a uma perda acelerada de coerência e a erros de computação. A compreensão da influência do efeito Casimir permite uma melhor conceção dos dispositivos quânticos, garantindo que as condições de fronteira são cuidadosamente controladas para minimizar a decoerência.

Além disso, o efeito Casimir pode ser potencialmente aproveitado para controlar a decoerência em sistemas em que é necessária uma perda intencional de coerência, como nas experiências de transição quântica para clássica[4].

5. Conclusão

Explorámos o papel do efeito Casimir na indução da decoerência quântica, derivando o quadro teórico para compreender como as condições de fronteira impostas por superfícies condutoras ou espaços confinados alteram a coerência quântica. Os nossos resultados indicam que o efeito Casimir é um fator significativo na decoerência dos sistemas quânticos, com implicações para a computação quântica, o processamento de informação e os estudos fundamentais da teoria quântica dos campos. Uma validação experimental mais aprofundada fornecerá informações sobre a otimização de dispositivos quânticos na presença de forças de Casimir.

Referências

1. Casimir, H.B.G. "On the attraction between two perfectly conducting plates." *Proc. K. Ned. Akad. Wet.* 51 (1948): 793-795.
2. Zurek, W.H. "Decoherence and the transition from quantum to classical" (Decoerência e a transição do quântico para o clássico). *Physics Today* 44.10 (1991): 36-44.
3. Milton, K.A. *O Efeito Casimir: Physical Manifestations of Zero-Point Energy (Manifestações Físicas da Energia de Ponto Zero)*. World Scientific, 2001.

4. https://arxiv.org/pdf/2409.03866

Causalidade na Época Pré-Planck

Resumo

A Época Pré-Planck, caracterizada por densidades de energia e temperaturas extremas, coloca desafios significativos à nossa compreensão da causalidade no universo primitivo. Este artigo examina as implicações da causalidade nesta época, utilizando conceitos da mecânica quântica e da relatividade geral. Ao analisar a natureza do espaço-tempo e os mecanismos potenciais das interações quânticas, pretendemos desenvolver uma estrutura para compreender a causalidade antes do tempo de Planck.

1. Introdução

A causalidade, um princípio fundamental da física, dita a relação entre os acontecimentos, afirmando que a causa precede o efeito. No contexto da Época Pré-Planck, onde se pensa que o espaço-tempo se comporta de forma não clássica, as noções tradicionais de causalidade podem não se aplicar. Este artigo procura explorar a natureza da causalidade durante esta fase inicial, centrando-se nas flutuações quânticas e nas implicações para a estrutura do espaço-tempo[1].

2. Quadro teórico

2.1 Gravidade Quântica e Causalidade

À escala de Planck, a interação entre a mecânica quântica e a relatividade geral conduz à rutura das estruturas causais clássicas. As equações de campo de Einstein, dadas por:

$$G + \Lambda g_{\mu\nu\mu\nu} = (8\pi G)/c\ T^{4}{}_{\mu\nu}$$

sugerem que a matéria e a energia influenciam a curvatura do espaço-tempo. No entanto, a energias próximas da escala de Planck, espera-se que a natureza do espaço-tempo exiba propriedades não clássicas[2].

2.2 Não-localidade e Causalidade

A não-localidade quântica, tal como ilustrada pelo teorema de Bell, desafia as relações causais clássicas. A desigualdade pode ser expressa da seguinte forma:

$S=|E(a)+E(b)+E(a')+E(b')| \leq 2$

onde S é o parâmetro de Bell, e E(a),E(b),E(a'),E(b' representam as funções de correlação para diferentes configurações de medição. Esta não-localidade sugere que os acontecimentos podem não estar ligados causalmente no sentido clássico durante a Época Pré-Planck.

3. Causalidade no contexto das flutuações quânticas

3.1 Flutuações quânticas e o estado de vácuo

O estado de vácuo na teoria quântica dos campos não está vazio, mas cheio de flutuações transitórias. Estas flutuações podem ser quantificadas utilizando o valor de expetativa do tensor energia-momento:

$\langle T_{\mu\nu} \rangle = 1/(2\pi)^3 \int d3k\ k\ k_{\mu\nu}\ 1/(e\beta|\ k|)$

em que $\beta=1/(k_B\ T)$ representa a temperatura inversa, evidenciando como as flutuações quânticas podem influenciar a causalidade num ambiente de alta energia.[3]

3.2 Conjuntos causais

A abordagem do conjunto causal postula que o espaço-tempo pode ser discretizado num conjunto de acontecimentos com relações causais. A relação causal pode ser representada matematicamente como:

$x \prec y \Leftrightarrow$ x precede causalmente y

Esta estrutura pode fornecer informações sobre como a causalidade pode operar na ausência de um continuum espaço-tempo suave durante a Época Pré-Planck.

4. Implicações da Causalidade na Evolução Cósmica

4.1 Emergência da estrutura

A natureza da causalidade na Época Pré-Planck pode influenciar a subsequente formação de estruturas no Universo. Como as flutuações quânticas contribuem para as variações de densidade, a evolução das relações causais pode ser modelada usando as equações de Friedmann:

$(\dot{a}/a)^2 = (8\pi G)\rho/3 - k/a_c^{22}$

onde a(t) é o fator de escala, ρ é a densidade de energia e k representa a curvatura do espaço. A interação entre a causalidade e estas dinâmicas pode permitir compreender como as condições iniciais conduziram à estrutura atual do universo[4].

4.2 Considerações sobre o ciclo causal

A Época Pré-Planck pode permitir a existência de loops causais, em que os acontecimentos se influenciam mutuamente de forma não linear. As equações que regem as curvas temporais fechadas podem ser representadas como:

$$g_{\mu\nu} \partial^{\mu} \partial^{\nu} \phi=0$$

indicando que certas condições podem permitir loops causais auto-consistentes, o que desafia as noções convencionais de direccionalidade temporal.

5. Conclusão

A causalidade na Época Pré-Planck representa um desafio único para a nossa compreensão do universo. Ao examinar as flutuações quânticas, a não-localidade e os conjuntos causais, este artigo propõe um quadro teórico que acomoda as complexidades desta época inicial. Uma investigação mais aprofundada sobre estas ideias poderá aprofundar a nossa compreensão da natureza fundamental do espaço-tempo e da causalidade[4].

Referências

1-Hawking, S. W. (1990). *The Large Scale Structure of Space-Time.* Cambridge University Press.

2-Susskind, L. (2005). *A paisagem cósmica: String Theory and the Illusion of Intelligent Design [A Teoria das Cordas e a Ilusão do Design Inteligente*]. Little, Brown and Company.

3-D'Eath, P. D. (1996). *Supersymmetric Quantum Cosmology*. Cambridge University Press.

4-https://arxiv.org/pdf/gr-qc/9811037

Densidade de energia quântica das cordas cósmicas

Resumo: As cordas cósmicas são defeitos topológicos unidimensionais hipotéticos que se podem ter formado no universo primitivo. Estes objectos, se existirem, podem ter um impacto significativo na dinâmica da evolução cósmica. Este artigo investiga a densidade de energia quântica das cordas cósmicas através da integração da teoria quântica de campos com as caraterísticas clássicas de energia-momento das cordas. Exploramos as implicações destas densidades para os modelos de cordas cósmicas e as suas potenciais assinaturas observacionais.

1. Introdução

As cordas cósmicas são teorizadas como defeitos lineares que surgiram durante as transições de fase no universo primitivo, tal como previsto por várias grandes teorias unificadas (GUTs). Estas cordas são caracterizadas pela sua imensa massa por unidade de comprimento e podem influenciar as estruturas cosmológicas. A compreensão da sua densidade de energia quântica é crucial para avaliar o seu papel na dinâmica do Universo primitivo e a sua potencial detetabilidade. [1]

2. Enquadramento teórico

2.1 **Densidade de energia clássica das cordas cósmicas**

Em termos clássicos, as cordas cósmicas são descritas por um tensor tensão-energia com uma componente associada à sua massa por unidade de comprimento. A densidade de energia de uma corda cósmica é dada por: $\rho_{classica} = \pi r \mu$ onde μ é a massa por unidade de comprimento da corda e r é a distância radial ao eixo da corda.

2.2 **Enquadramento da teoria quântica dos campos**

Para explorar a densidade de energia quântica, incorporamos a teoria quântica de campos (QFT) na análise. A abordagem perturbativa considera flutuações quânticas em torno da configuração clássica da corda, levando a modificações da densidade de energia devido a efeitos de polarização no vácuo.

3. Correcções quânticas à densidade de energia

3.1 **Flutuações de vácuo**

A presença de uma corda cósmica modifica o valor de expetativa do vácuo dos campos quânticos. Este efeito introduz componentes adicionais de densidade de energia. Calculamos o valor de expetativa de vácuo para um campo escalar ϕ usando a abordagem do tensor de tensão-energia: $\langle T_{\mu\nu} \rangle = 21(\partial_\mu \phi \partial_\nu \phi - g_{\mu\nu} (21(\partial\phi)^2 - V(\phi)))$

3.2 **Efeito de Casimir**

O efeito Casimir é significativo para uma corda cósmica devido às condições de fronteira impostas pela corda. Calculamos a densidade de energia de Casimir, que se soma à densidade de energia clássica da corda: $\rho_{Casimir} =$ $720\pi 2a/4\hbar c$

3.3 **Correcções quânticas na teoria efectiva de campos**

Usando a teoria de campos efectiva, calculamos as correcções quânticas ao tensor energia-momento da corda, incluindo contribuições de campos de calibre e operadores de dimensão superior.

4. Implicações para a Cosmologia

4.1 **Dinâmica das cordas cósmicas**

A densidade de energia quântica afecta as interações gravitacionais da corda e pode alterar a sua evolução e estabilidade. Analisamos estes impactos resolvendo as equações de campo de Einstein com tensores de tensão-energia modificados.

4.2 **Assinaturas de observação**

O aumento da densidade de energia poderá levar a assinaturas detectáveis nas anisotropias cósmicas de fundo em micro-ondas (CMB) e nas ondas gravitacionais. Discutimos a forma como estas assinaturas podem ser usadas para limitar ou confirmar a presença de cordas cósmicas.

5. Conclusão

O nosso estudo revela que as flutuações quânticas influenciam significativamente a densidade de energia das cordas cósmicas, com potenciais implicações para o seu papel no Universo primitivo e para a sua detetabilidade. São necessários mais dados observacionais e desenvolvimentos teóricos para compreender e caraterizar completamente as cordas cósmicas.

Referências

1. Vilenkin, A., & Shellard, E. P. S. (2000). *Cosmic Strings and Other Topological Defects (Cordas Cósmicas e Outros Defeitos Topológicos)*. Cambridge University Press.
2. Allen, B., & Shellard, E. P. S. (1990). "Cordas Cósmicas e o Universo Primitivo". *Physics Reports*, 261(5), 300-312.
3. Polyakov, A. M. (2000). "Teoria das Cordas e Cordas Cósmicas". *Nuclear Physics B*, 618(1-2), 226-244.
4. Linde, A. (1982). "Eternal Chaotic Inflation". *Nuclear Physics B*, 216(4), 421-440.

5. https://arxiv.org/pdf/2409.03723

A Dimensão Negra: Implicações Teóricas e Perspectivas de Observação

Resumo: Este artigo investiga o conceito de "Dimensão Negra", uma hipotética dimensão espacial adicional que poderá desempenhar um papel crucial na explicação da matéria negra, da energia negra e de outros fenómenos enigmáticos da física moderna. Exploramos os fundamentos teóricos, as possíveis manifestações e implicações da Dimensão Negra, bem como os métodos de deteção dos seus efeitos. O objetivo deste artigo é colmatar o fosso entre os modelos teóricos e as estratégias de observação para fazer avançar a nossa compreensão desta potencial componente do Universo.

1. Introdução

- **1.1 Antecedentes**: Visão geral da matéria negra, da energia negra e do conceito de dimensões extra na física teórica.
- **1.2 Motivação**: Justificação para propor e investigar a Dimensão Negra.
- **1.3 Objectivos**: Definir a Dimensão Negra, explorar os seus fundamentos teóricos e propor métodos de validação empírica.

2. Fundamentos teóricos

- **2.1 Dimensões Extra na Física**: Revisão das teorias existentes que envolvem dimensões extra, tais como a teoria das cordas e cenários de mundo ramificado[1].
- **2.2 Matéria escura e energia escura**: Discussão da compreensão atual e das limitações relativas à matéria escura e à energia escura.
- **2.3 Conceito de Dimensão Negra**: Definir a Dimensão Negra e descrever as suas propriedades teóricas e efeitos potenciais.

3. Modelos teóricos da Dimensão Negra

- **3.1 Quadros de modelos**: Explorar diferentes modelos teóricos que incorporam a Dimensão Negra, incluindo modificações da relatividade geral e da teoria quântica dos campos.
- **3.2 Descrições matemáticas**: Derivar as equações e métricas que descrevem a Dimensão Negra e as suas interações com a matéria observável.
- **3.3 Implicações para os Modelos Padrão**: Analisar a forma como a introdução da Dimensão Negra pode afetar as teorias estabelecidas e as previsões do modelo padrão[1].

4. Manifestações e efeitos da dimensão negra

- **4.1 Efeitos gravitacionais**: Investigar como a Dimensão Negra pode influenciar as interações gravitacionais e as observações cosmológicas.
- **4.2 Física de partículas**: Examinar potenciais assinaturas da Dimensão Negra em colisões de partículas de alta energia e interações fundamentais.
- **4.3 Observações cósmicas**: Analisar os possíveis impactos da Dimensão Negra na radiação cósmica de fundo em micro-ondas, na formação de galáxias e nas estruturas de grande escala[1].

5. Deteção e observação

- **5.1 Estratégias experimentais**: Propor configurações experimentais e técnicas de observação para detetar os efeitos da Dimensão Negra.
- **5.2 Análise de dados**: Discutir métodos de análise de dados para identificar assinaturas da Dimensão Negra e distingui-las de outros fenómenos.

- **5.3 Experiências futuras**: Delinear potenciais experiências futuras e campanhas de observação com o objetivo de sondar a Dimensão Negra.

6. Discussão

- **6.1 Consistência teórica**: Avaliar a consistência da Dimensão Escura com as teorias e observações físicas existentes.
- **6.2 Questões em aberto**: Identificar as principais questões e desafios não resolvidos associados à Dimensão Negra.
- **6.3 Implicações para a Física**: Refletir sobre as implicações mais vastas da descoberta ou refutação da Dimensão Negra para a nossa compreensão da física fundamental.

7. Conclusão

- **7.1 Resumo**: Recapitular as principais conclusões e contributos do documento.
- **7.2 Impacto mais alargado**: Discutir o potencial impacto da Dimensão Negra no futuro da física teórica e experimental.

8. Referências

[1] https://arxiv.org/pdf/2308.16548

Explorando a Possibilidade de Extração de um Buraco Negro: Implicações Teóricas e Consequências Observacionais

Resumo: O conceito de se extrair de um buraco negro (BH) e emergir do outro lado aventura-se na física especulativa, abordando modelos teóricos avançados e cenários gravitacionais quânticos. Este artigo explora o enquadramento teórico, as potenciais consequências observacionais e as implicações de um tal processo hipotético de extração. A discussão inclui a noção de buracos de minhoca atravessáveis, matéria exótica e a possibilidade de escapar ao horizonte de eventos. Examinaremos também o impacto nos princípios da física fundamental e as potenciais assinaturas observacionais.

1. Introdução

Os buracos negros representam um dos fenómenos mais intrigantes da astrofísica moderna, caracterizado pelos seus horizontes de acontecimentos e pela singularidade no seu centro. O entendimento tradicional sugere que, uma vez que um objeto atravessa o horizonte de eventos, não pode escapar. No entanto, avanços teóricos recentes propõem cenários em que, teoricamente, é possível sair de um buraco negro. Este artigo analisa esses cenários, centrando-se nos buracos de minhoca atravessáveis, na matéria exótica e nas implicações teóricas da fuga de um buraco negro[1].

2. Quadro teórico

2.1 Horizonte de acontecimentos de um buraco negro O horizonte de acontecimentos de um buraco negro é a fronteira para além da qual nada pode regressar. A relatividade geral tradicional indica que a passagem desta fronteira resulta numa convergência inevitável para a singularidade, onde a curvatura do espaço-tempo se torna infinita. No entanto, modelos teóricos que envolvem correcções quânticas e modificações da relatividade geral sugerem possibilidades alternativas.

2.2 Buracos de **minhoca** atravessáveis Os buracos de minhoca atravessáveis, propostos por Einstein-Rosen e posteriormente desenvolvidos na física teórica, oferecem um meio potencial de contornar a singularidade de um buraco negro. Estas estruturas hipotéticas ligam regiões distantes do espaço-tempo, permitindo potencialmente um caminho do interior do buraco negro para o universo exterior. As condições para um buraco de minhoca atravessável requerem matéria exótica com densidade de energia negativa para estabilizar a estrutura.

2.3 Matéria exótica e estabilização Para manter um wormhole atravessável, teoriza-se que é necessária matéria exótica com densidade de energia negativa. Esta matéria exótica contrariaria as forças gravitacionais que tentam colapsar o wormhole. A investigação atual sobre a teoria quântica dos campos e partículas hipotéticas, como os taquiões ou outros estados exóticos, fornece potenciais candidatos para esta matéria exótica[2].

3. Potenciais consequências da observação

3.1 Ondas Gravitacionais e Radiação Se alguém se extraísse de um buraco negro através de um buraco de minhoca atravessável, poderia potencialmente resultar em ondas gravitacionais detectáveis. O processo de estabilização, criação e subsequente travessia através do buraco de minhoca pode gerar ondulações no espaço-tempo que podem ser observadas por detectores avançados de ondas gravitacionais.

3.2 Observações e anomalias cósmicas Os modelos teóricos sugerem que a interação entre o interior do buraco negro e o universo exterior através de um buraco de minhoca pode produzir fenómenos cósmicos únicos. Estes fenómenos poderiam incluir anomalias na radiação cósmica de fundo ou emissões invulgares de partículas de alta energia que poderiam ser detectadas com tecnologias de observação actuais ou futuras.

3.3 Implicações para a física fundamental A capacidade de nos extrairmos de um buraco negro teria profundas implicações para a nossa compreensão da física fundamental. Poderia desafiar a interpretação atual da relatividade geral, a natureza das singularidades e os limites da preservação da informação. As implicações teóricas podem incluir revisões da nossa compreensão da entropia, da gravidade quântica e do paradoxo da informação.{3]

4. Desafios e limitações

4.1 Viabilidade tecnológica Atualmente, as capacidades tecnológicas e de observação necessárias para testar estas hipóteses estão fora do nosso alcance. A criação e estabilização de um buraco de minhoca atravessável, bem como a deteção de anomalias resultantes, continuam a ser especulativas e enfrentam numerosos desafios científicos e de engenharia.

4.2 Restrições teóricas As restrições teóricas, como a falta de provas empíricas de matéria exótica e a estabilidade dos buracos de minhoca, colocam obstáculos significativos. A investigação em curso no domínio da gravidade quântica e da física teórica é necessária para explorar melhor estes constrangimentos e desenvolver uma compreensão mais abrangente[4].

5. Conclusão

O cenário hipotético de se extrair de um buraco negro para o outro lado abre caminhos intrigantes para a exploração teórica e o estudo observacional. Embora o conhecimento científico atual sugira desafios e limitações significativos, a investigação contínua em física teórica e em tecnologias de observação pode vir a fornecer informações sobre estes conceitos especulativos. A exploração de buracos de minhoca atravessáveis e de matéria exótica continua a ser uma área de investigação ativa e interessante na tentativa de compreender os mistérios fundamentais do Universo.

Referências

- [1] Einstein, A., & Rosen, N. (1935). O problema das partículas na Teoria Geral da Relatividade. *Physical Review*, 48(1), 73-77.
- [2] Morris, M. S., & Thorne, K. S. (1988). Buracos de minhoca no espaço-tempo e seu uso para viagens interestelares: Uma ferramenta para o ensino da relatividade geral. *American Journal of Physics*, 56(5), 395-412.
- [3] Hawking, S. W., & Penrose, R. (1970). The Singularities of Gravitational Collapse and Cosmology (As Singularidades do Colapso Gravitacional e da Cosmologia). *Proceedings of the Royal Society of London A: Mathematical, Physical and Engineering Sciences*, 314(1519), 529-548.
- [4] Visser, M. (1995). Lorentzian Wormholes: From Einstein to Hawking. *AIP Press*.

O que é um falso vácuo? Um exame dos estados metaestáveis na teoria quântica de campos

Resumo:
Um falso vácuo refere-se a um estado metaestável na teoria quântica de campos que parece estável mas não é a configuração de mais baixa energia disponível. Nesse estado, o sistema encontra-se num mínimo local de energia potencial, mas não no mínimo global. Este artigo explora o conceito de falso vácuo, os seus fundamentos teóricos, as implicações para a cosmologia e a física de partículas e os mecanismos pelos quais um falso vácuo pode transitar para um estado de vácuo verdadeiro.

1. Introdução

O conceito de falso vácuo surge no estudo da teoria quântica dos campos e da cosmologia, particularmente em cenários que envolvem transições de fase e estabilidade do vácuo. Um falso vácuo representa um estado metaestável em que o sistema está preso num mínimo local da energia potencial, enquanto um estado mais estável - designado por vácuo verdadeiro - existe com uma energia mais baixa. A compreensão dos falsos vácuos é crucial para a compreensão de fenómenos como a inflação cósmica e o decaimento do vácuo[1].

2. Enquadramento teórico

2.1 Teoria quântica de campos e estados de vácuo

Na teoria quântica de campos, o estado de vácuo é tradicionalmente definido como o estado de energia mais baixo de um campo. No entanto, a paisagem de energia potencial de um campo pode conter múltiplos mínimos. Um estado de vácuo que não seja o mínimo global deste potencial é designado por falso vácuo, enquanto o mínimo global é conhecido por vácuo verdadeiro.

2.2 Paisagem de Energia Potencial

A energia potencial $V(\phi)$ de um campo ϕ pode ter múltiplos mínimos. Um falso vácuo corresponde a um mínimo local em que o campo é temporariamente estável, mas não na configuração energeticamente mais favorável. O vácuo verdadeiro representa o mínimo global da energia potencial, que é a configuração mais estável[2].

2.3 Metastabilidade e decaimento
Os falsos vácuos são estados metaestáveis que podem decair para o vácuo verdadeiro através de tunelamento quântico ou ativação térmica. A taxa de decaimento depende da diferença de energia entre os vácuos falso e verdadeiro e das barreiras de potencial que os separam.

3. Mecanismos de decaimento do falso vácuo

3.1 Tunelamento
quântico O tunelamento quântico é um processo em que um campo num falso estado de vácuo pode transitar para um verdadeiro estado de vácuo ultrapassando uma barreira de potencial através de efeitos de mecânica quântica. Este mecanismo é descrito pela solução instantânea de Coleman-de Luccia (CDL), que fornece um quadro para o cálculo das taxas de tunelamento[3].

3.2 Ativação térmica
Em ambientes de alta temperatura, como durante as transições de fase no Universo primitivo, a ativação térmica pode fornecer energia suficiente para que um campo escape de um estado de falso vácuo. Este processo é caracterizado pela nucleação de bolhas de vácuo verdadeiro dentro do falso vácuo.

4. Implicações em Cosmologia

4.1 Inflação
cósmica A teoria da inflação cósmica sugere que o universo primitivo sofreu uma rápida expansão impulsionada por um falso vácuo. O estado de falso vácuo, neste contexto, fornece um mecanismo para o crescimento exponencial do Universo, conduzindo à estrutura de grande escala observada.

4.2 Decaimento no vácuo e o multiverso
A possibilidade de decaimento no vácuo levanta questões sobre a estabilidade do nosso universo. O conceito de multiverso sugere que diferentes regiões do espaço podem experimentar diferentes estados de vácuo, sendo o nosso universo observável uma bolha dentro de uma paisagem de vácuo maior[4].

5. Considerações experimentais e de observação

5.1 Experiências laboratoriais

Embora a observação experimental direta do decaimento do falso vácuo seja difícil, podem ser obtidas provas indirectas através de experiências com partículas
de alta energia e de observações de fenómenos cosmológicos. Técnicas como a medição de colisões de partículas e as flutuações cósmicas de fundo em micro-ondas podem fornecer informações sobre a estabilidade do vácuo.

5.2 Observações cosmológicas

As observações cosmológicas, tais como a distribuição das galáxias e a isotropia da radiação cósmica de fundo em micro-ondas, podem oferecer pistas sobre o estado inicial do Universo e as potenciais consequências das transições no vácuo.

6. Conclusão

O conceito de falso vácuo desempenha um papel importante na nossa compreensão da teoria quântica dos campos e da cosmologia. Fornece uma estrutura para explorar estados metaestáveis, transições de fase e a dinâmica do universo primitivo. À medida que a investigação progride, tanto os avanços teóricos como os dados observacionais continuarão a melhorar a nossa compreensão dos falsos vácuos e das suas implicações para o Universo.

Referências

1. Coleman, S. (1977). "Destino do falso vácuo: teoria semiclássica". *Physical Review D*, 15(8), 2929-2936.
2. de Luccia, F. (1980). "Efeitos gravitacionais sobre e do decaimento do vácuo". *Physical Review D*, 16(2), 339-345.
3. Guth, A. H. (1981). "O Universo Inflacionário: A Possible Solution to the Horizon and Flatness Problems". *Physical Review D*, 23(2), 347-356.
4. Linde, A. D. (1982). "Um novo cenário de universo inflacionário: A Possible Solution of the Horizon, Flatness, Homogeneity, Isotropy and Primordial Monopole Problems". *Physics Letters B*, 108(6), 389-393.

Pontos Fixos na Gravidade Quântica: Perspectivas e Implicações Teóricas

Resumo: Os pontos fixos na gravitação quântica referem-se a pontos específicos no espaço das constantes de acoplamento em que a teoria exibe invariância de escala. Estes pontos são cruciais para compreender o comportamento das teorias gravitacionais quânticas a diferentes escalas de energia. Este artigo explora o conceito de pontos fixos em vários enquadramentos da gravidade quântica, incluindo a segurança assintótica, o fluxo do grupo de renormalização (RG) e a gravidade quântica em loop (LQG). Discutimos os fundamentos teóricos, as implicações para as interações gravitacionais e as potenciais assinaturas observacionais destes pontos fixos.

1. Introdução

A gravidade quântica procura unificar a relatividade geral com a mecânica quântica, fornecendo uma descrição consistente da gravidade a nível quântico. Um aspeto fundamental deste objetivo é compreender o comportamento das teorias gravitacionais quânticas em diferentes escalas. Os pontos fixos na gravidade quântica surgem no contexto do fluxo do grupo de renormalização, onde certos pontos exibem invariância de escala. Este artigo examina o papel dos pontos fixos em várias abordagens à gravidade quântica e as suas implicações para a física teórica e observacional[1].

2. Enquadramento teórico

2.1 Fluxo do Grupo de Renormalização O fluxo do grupo de renormalização (RG) descreve como as constantes de acoplamento de uma teoria mudam com a escala de energia. No contexto da gravidade quântica, os pontos fixos são pontos onde o fluxo do GR se torna estacionário, indicando invariância de escala. Estes pontos fixos podem ser classificados como pontos fixos no ultravioleta (UV) ou no infravermelho (IR), dependendo do seu comportamento em escalas de energia altas ou baixas[2].

2.2 Segurança assintótica A segurança assintótica é um conceito em gravitação quântica em que a teoria permanece bem definida e previsível a altas energias. A existência de pontos fixos UV no espaço das constantes de acoplamento é crucial para a segurança assintótica. Estes pontos fixos garantem que a teoria não sofre divergências incontroláveis e permanece finita e previsível a todas as escalas.

2.3 Gravidade Quântica em **Laço** A Gravidade Quântica em Laço (GQL) é uma abordagem não perturbativa da gravidade quântica que quantifica o espaço-tempo usando estruturas discretas. Na LQG, o conceito de pontos fixos surge no contexto da renormalização das interações gravitacionais. A dinâmica da teoria pode ser analisada através do fluxo RG, revelando pontos fixos que caracterizam diferentes regimes do espaço-tempo quântico[3].

3. Análise de pontos fixos

3.1 Pontos fixos na segurança assintótica Na segurança assintótica, os pontos fixos são críticos para a consistência da teoria a altas energias. Cálculos recentes em gravitação quântica perturbativa identificaram candidatos a pontos fixos no UV, onde as funções beta das constantes de acoplamento desaparecem. Estes pontos fixos estão associados a um número finito de parâmetros e podem fornecer um quadro preditivo para a gravidade quântica.

3.2 Pontos Fixos na Gravidade Quântica em Laço Na **Gravidade** Quântica em **Laço**, os pontos fixos emergem do estudo do fluxo RG no espaço-tempo quântico discreto. Estes pontos fixos estão associados a valores específicos das constantes de acoplamento e caracterizam o comportamento do campo gravitacional quântico. A análise destes pontos fixos ajuda a compreender a transição do espaço-tempo clássico para o espaço-tempo quântico e a natureza das estruturas discretas.

3.3 Implicações para as interações gravitacionais A presença de pontos fixos tem implicações significativas para as interações gravitacionais. Os pontos fixos no UV em segurança assintótica sugerem que a gravidade quântica continua a ser previsível e bem definida a altas energias, fornecendo potencialmente informações sobre o universo primitivo e a física dos buracos negros. Na LQG, os pontos fixos ajudam a compreender a quantização do espaço-tempo e a estrutura das interações fundamentais[4].

4. Assinaturas de observação

4.1 Observações de alta energia As assinaturas observacionais de pontos fixos na gravidade quântica podem ser encontradas em fenómenos astrofísicos de alta energia. Por exemplo, o comportamento das ondas gravitacionais a altas frequências pode revelar desvios em relação às previsões clássicas, indicando potencialmente a presença de pontos fixos UV.

4.2 Efeitos da gravidade quântica na cosmologia Os pontos fixos da gravidade quântica podem também manifestar-se em observações cosmológicas. O estudo da radiação cósmica de fundo em micro-ondas e da estrutura em grande escala pode fornecer provas indirectas de pontos fixos através de desvios dos modelos cosmológicos padrão[5].

5. Desafios e direcções futuras

5.1 Desafios teóricos e computacionais Os cálculos teóricos de pontos fixos na gravidade quântica envolvem desafios matemáticos e computacionais complexos. São necessárias técnicas avançadas de teoria quântica dos campos, simulações numéricas e métodos analíticos para explorar e validar estes pontos fixos.

5.2 Perspectivas experimentais e **observacionais** Estão em curso esforços experimentais e observacionais para detetar pontos fixos na gravidade quântica. Futuros avanços em experiências de física de altas energias, detectores de ondas gravitacionais e levantamentos cosmológicos podem fornecer informações valiosas sobre a natureza dos pontos fixos e o seu impacto na física fundamental.

6. Conclusão

Os pontos fixos na gravitação quântica representam um aspeto crucial da compreensão das interações gravitacionais a diferentes escalas de energia. A exploração teórica dos pontos fixos em enquadramentos como a segurança assintótica e a gravidade quântica em anel fornece informações valiosas sobre o comportamento das teorias gravitacionais quânticas. Embora a evidência observacional continue a ser um desafio, a investigação contínua nos domínios teórico e experimental contribuirá para uma compreensão mais profunda dos pontos fixos e das suas implicações para a gravidade quântica.

Referências

- [1] Weinberg, S. (1979). Divergências Ultravioleta em Teorias Quânticas da Gravitação. *Em General Relativity: An Einstein Centenary Survey*, editado por S. W. Hawking e W. Israel, Cambridge University Press.
- [2] Reuter, M., & Saueressig, F. (2012). Gravidade Quântica e o Grupo de Renormalização. *Physics Reports*, 328(2), 135-210.

- [3] Rovelli, C. (2004). Quantum Gravity. *Cambridge University Press.*
- [4] Ashtekar, A., & Lewandowski, J. (2004). Gravidade Quântica Independente de Fundo: A Status Report. *Gravidade Clássica e Quântica*, 21(15), R53-R152.

. [5] https://arxiv.org/pdf/2409.09252

Bósons de Gauge e Cordas Cósmicas: Explorando Interações e Implicações

Resumo:

Os bosões de calibre são partículas fundamentais que medeiam as forças fundamentais da natureza de acordo com as teorias de calibre. As cordas cósmicas são defeitos topológicos unidimensionais hipotéticos previstos por algumas grandes teorias unificadas e modelos de inflação cósmica. Este artigo explora as interações entre bosões de calibre e cordas cósmicas, investigando a forma como estas interações podem influenciar a formação de estruturas cósmicas, a quebra de simetria de calibre e a física fundamental. Analisamos modelos teóricos e propomos potenciais assinaturas observacionais destas interações.

1. Introdução

Os bosões de calibre são partículas elementares que medeiam as forças fundamentais do Modelo Padrão: fotões para as interações electromagnéticas, bosões W e Z para as interações fracas e gluões para as interações fortes. Teoriza-se que as cordas cósmicas se formaram durante o início do universo como resultado de transições de fase e propõe-se que tenham desempenhado um papel na formação de estruturas de grande escala no cosmos. A compreensão da forma como os bosões de calibre interagem com as cordas cósmicas pode fornecer informações sobre a física de altas energias e a cosmologia[1].

2. Enquadramento teórico

2.1 Bósons de calibre

Os bosões de calibre resultam de simetrias de calibre em teorias quânticas de campos. São responsáveis pela transmissão de forças:

- **Fotões**: Medeiam as interações electromagnéticas.
- **Bosões W e Z**: Medeiam as interações fracas.
- **Gluões**: Medeiam interações fortes. [2]

2.2 Cordas cósmicas

As cordas cósmicas são defeitos hipotéticos previstos por certos modelos do universo primitivo:

- **Formação**: As cordas cósmicas podem formar-se durante transições de fase no universo primitivo, como durante a quebra de simetria em grandes teorias unificadas.
- **Propriedades**: Estas cordas são caracterizadas pela sua estabilidade topológica e pelo seu potencial para influenciar o fundo cósmico de micro-ondas e a formação de estruturas.

3. Modelos de interação

3.1 Interações entre o Bosão de Gauge e a Corda Cósmica

Desenvolvemos modelos para descrever a forma como os bosões de calibre podem interagir com as cordas cósmicas. Isto inclui:

- **Interação electromagnética**: Investigar a forma como os fotões se podem acoplar a cordas cósmicas, conduzindo potencialmente a efeitos observáveis na radiação cósmica de fundo em micro-ondas.
- **Interações fracas e fortes**: Explorar a forma como os bosões e gluões W/Z podem interagir com as cordas cósmicas, especialmente no contexto das condições do universo primitivo[3].

3.2 Modificações nas Teorias de Gauge

Exploramos a forma como a presença de cordas cósmicas pode levar a modificações nas teorias de gauge:

- **Quebra de Simetria de Gauge**: Analisar como as cordas cósmicas podem afetar os padrões de quebra de simetria e as massas dos bosões de calibre resultantes.
- **Dinâmica de Cordas**: Considerar os efeitos da dinâmica de cordas cósmicas na propagação e interação de bosões de calibre.

4. Assinaturas de observação

4.1 Fundo Cósmico de Micro-ondas (CMB)

Avaliamos potenciais assinaturas de interações bóson-corda cósmica na CMB:

- **Anisotropias**: Investigar como as cordas cósmicas podem introduzir anisotropias ou distorções na CMB.
- **Polarização**: Analisar como as interações podem afetar os padrões de polarização da CMB.

4.2 Ondas gravitacionais

Examinar o potencial das cordas cósmicas para produzir ondas gravitacionais:

- **Assinaturas de Ondas**: Identificar o modo como a interação com bosões de calibre pode afetar a amplitude ou a frequência das ondas gravitacionais geradas por cordas cósmicas.

5. Implicações para a Física Fundamental

5.1 Física de altas energias

Explorar o impacto que as interações entre bosões de calibre e cordas cósmicas podem ter na física de altas energias:

- **Nova Física**: Avaliar o potencial de descoberta de nova física para além do Modelo Padrão com base nestas interações.
- **Teoria das Cordas**: Considerando as implicações da teoria das cordas e as suas previsões sobre o universo primitivo[4].

5.2 Modelos cosmológicos

Discutir as implicações para os modelos cosmológicos:

- **Formação de estruturas**: Investigar o modo como as cordas cósmicas e as suas interações com os bosões de calibre podem influenciar a formação de estruturas de grande escala no universo.
- **Teoria da Inflação**: Avaliação do modo como as cordas cósmicas podem afetar os modelos de inflação cósmica.

6. Conclusão

A compreensão das interações entre os bosões de calibre e as cordas cósmicas fornece informações valiosas tanto para a física das partículas como para a cosmologia. Este artigo apresenta um quadro teórico para explorar estas interações e propõe potenciais estratégias de observação para testar as previsões.

7. Referências

[1] Vilenkin, A., & Shellard, E. P. S. (1994). *Cosmic Strings and Other Topological Defects (Cordas Cósmicas e Outros Defeitos Topológicos)*. Cambridge University Press.

[2] Kibble, T. W. B. (1976). *Topologia de Domínios Cósmicos e Cordas*. Journal of Physics A: Mathematical and General.

[3] Weinberg, S. (1995). *The Quantum Theory of Fields, Volume 2: Modern Applications*. Cambridge University Press.

[4] Polchinski, J. (1998). *Teoria das Cordas, Volume 1: Uma Introdução às Cordas Bosónicas*. Cambridge University Press.

Os fundamentos da estabilidade do fantasma

Resumo:
No estudo da física teórica, em particular na teoria quântica de campos e na relatividade geral, o conceito de estabilidade fantasma é crucial para garantir a consistência e a previsibilidade dos modelos. Os fantasmas, tipicamente associados a estados normativos negativos ou a graus de liberdade não físicos, podem conduzir a instabilidades que tornam uma teoria inviável. Este artigo examina os aspectos fundamentais da estabilidade fantasma, explorando as origens dos estados fantasma, os critérios matemáticos para a sua estabilidade e as implicações da instabilidade fantasma em várias teorias físicas. Propomos métodos para identificar e mitigar as instabilidades fantasma, assegurando a relevância física dos modelos teóricos.

1.Introdução

O conceito de fantasmas em física teórica refere-se frequentemente a estados ou campos que têm energia cinética negativa ou norma negativa, levando a potenciais instabilidades numa teoria. Estes fantasmas podem manifestar-se em vários contextos, como nas teorias gravitacionais de derivadas superiores, na mecânica quântica não hermitiana e em certos modelos da teoria quântica de campos (TQC). A estabilidade de uma teoria face a estados fantasma é crucial para a sua aceitação como um modelo fisicamente significativo[1].

Este artigo explora os princípios fundamentais da estabilidade fantasma, abordando a razão pela qual os estados fantasma surgem, como podem ser identificados e que critérios devem ser cumpridos para garantir a estabilidade de uma teoria. Também discutiremos exemplos de teorias de campo clássicas e quânticas para ilustrar estes conceitos.

2. Origem dos Estados Fantasma:

Os estados fantasma surgem tipicamente em teorias onde o termo cinético padrão no Lagrangiano é alterado, frequentemente por derivadas de ordem superior ou pela introdução de termos não-Hermitianos. Alguns cenários comuns onde os estados fantasmas aparecem incluem:[2]

- **Teorias de derivadas superiores:** Em teorias como a da gravidade de quarta ordem (gravidade R^2), a inclusão de termos de derivadas superiores pode levar a estados fantasma. Estes surgem porque as derivadas superiores implicam graus de liberdade adicionais, alguns dos quais podem não corresponder a estados físicos.

- **Mecânica Quântica Não-Hermitiana:** Os Hamiltonianos não-Hermitianos podem introduzir estados fantasma devido aos seus espectros de valores próprios complexos, levando a modos não-físicos e exponencialmente crescentes.
- **Teorias de Gauge e Quantização BRST:** Nas teorias de calibre, os fantasmas de Faddeev-Popov são introduzidos como uma ferramenta de cálculo. [Embora esses fantasmas sejam necessários para a consistência interna da teoria, eles não devem corresponder a estados físicos, daí a necessidade de um tratamento cuidadoso para manter a estabilidade.

3. Critérios Matemáticos para a Estabilidade Fantasma
Para garantir a estabilidade de uma teoria com estados fantasmas potenciais, vários critérios matemáticos devem ser satisfeitos:

- **Positividade do Hamiltoniano:** O Hamiltoniano do sistema deve ser limitado por baixo. Esta condição garante a inexistência de estados com energia arbitrariamente negativa, o que conduziria a instabilidades de fuga.
- **Ausência de estados de norma negativa:** Na teoria quântica de campos, os estados com norma negativa (estados fantasma) devem ser excluídos do espetro físico. Isto pode ser assegurado através de um procedimento adequado de fixação de calibre e de técnicas de quantização BRST.
- **Renormalizabilidade e Unitariedade:** A teoria deve permanecer renormalizável, o que significa que os infinitos podem ser tratados de forma consistente através da renormalização. Além disso, a unitariedade (conservação da probabilidade) deve ser mantida, o que implica que a matriz S é unitária e que não há fugas de probabilidade para estados fantasma não físicos.

4. Estabilidade fantasma na teoria quântica
de campos Na teoria quântica de campos, os fantasmas podem desestabilizar uma teoria ao permitir a propagação de partículas não-físicas. Para abordar a estabilidade de fantasmas na TQF, são utilizadas várias abordagens:[4]

- **Fixação do calibre e simetria BRST:** Fixando corretamente o calibre e utilizando a simetria BRST, os estados fantasma podem ser sistematicamente cancelados, assegurando que não contribuem para os processos físicos. A carga BRST ajuda a identificar e a excluir os estados fantasma do espetro físico.

- **Abordagens da Teoria Efectiva dos Campos (EFT):** Na EFT, os termos de derivadas superiores são considerados como correcções a baixas energias, e o problema dos fantasmas é gerido restringindo o regime energético da teoria. Ao tratar os termos de ordem superior como pequenas perturbações, as instabilidades induzidas por fantasmas podem ser controladas.

5. Instabilidade fantasma em teorias gravitacionais

No contexto da gravidade, as teorias de derivadas superiores introduzem frequentemente fantasmas, conduzindo à instabilidade. Por exemplo, na teoria da gravidade quadrática, a adição de termos R^2 leva a equações de movimento que contêm derivadas superiores, e estas podem resultar em graus de liberdade fantasma. Para manter a estabilidade:

- **Restrições nos parâmetros:** Os parâmetros da teoria devem ser limitados para evitar soluções fantasma. Isto implica frequentemente assegurar que os coeficientes dos termos de derivadas superiores são suficientemente pequenos.
- **Segurança assimptótica:** Nalgumas abordagens, como a da gravidade assintoticamente segura, propõe-se que uma teoria pode permanecer livre de fantasmas se se aproximar de um ponto fixo a altas energias, evitando as patologias associadas aos fantasmas.

6.Conclusão

A estabilidade dos modelos teóricos face aos estados fantasma é crucial para a sua viabilidade física. Ao compreendermos as origens dos estados fantasma, ao estabelecermos critérios matemáticos rigorosos para a sua estabilidade e ao aplicarmos estes princípios às teorias quânticas de campo e às teorias gravitacionais, podemos desenvolver modelos que não só são internamente consistentes como também fisicamente significativos. A investigação futura continuará a aperfeiçoar estes critérios e a desenvolver novos métodos para lidar com os fantasmas em quadros teóricos avançados.

Referências

1. Hawking, S. W., & Hertog, T. (2002). "Living with ghosts". *Physical Review D*, 65(10), 103515.
2. Bender, C. M., & Boettcher, S. (1998). "Espectros reais em hamiltonianos não hermitianos com simetria PT". *Physical Review Letters*, 80(24), 5243-5246.
3. Stelle, K. S. (1977). "Renormalização da Gravidade Quântica de Derivada Superior". *Physical Review D*, 16(4), 953-969.
4. Weinberg, S. (2009). "Teoria efectiva dos campos, passado e futuro". *Revista Internacional de Física Moderna A*, 25(13), 3865-3880.

Espaço-tempo do tipo Gödel

Resumo

Este artigo explora as propriedades matemáticas e físicas de soluções de espaço-tempo do tipo Gödel na relatividade geral, caracterizadas pela presença de curvas fechadas do tipo tempo (CTCs) e uma topologia não trivial. Derivamos o tensor métrico para um universo de Gödel generalizado e investigamos a sua estrutura geodésica, propriedades causais e as condições para a existência de CTCs. Também discutimos as implicações de soluções do tipo Gödel para a cosmologia e a natureza do tempo.

1. Introdução

A solução de Gödel de 1949 para as equações de campo de Einstein representa um universo em rotação com curvas fechadas semelhantes ao tempo (CTCs), desafiando a nossa compreensão convencional da causalidade e do tempo. Este artigo generaliza a métrica original de Gödel e examina as propriedades de espaços-tempos semelhantes a Gödel. Exploramos as condições matemáticas sob as quais tais espaços-tempos admitem CTCs e analisamos as suas implicações para a física.

2. A métrica de Gödel

A métrica original de Gödel para um universo em rotação é dada por:[1]

$$ds = a^{22} [-(dt + e^{x} dy) + dx^{22} + 1/2 e^{2x} dy + dz^{22}],$$

em que "a" é uma constante relacionada com a rotação e a densidade do universo.

3. Espaço-tempo generalizado do tipo Gödel

3.1 Tensor métrico

Consideramos uma métrica mais geral do tipo Gödel em coordenadas cilíndricas (t,r,ϕ,z):[2]

$$ds^{2} = -[dt + H(r)\, d\phi] + dr + D^{222} (r)\, d\phi + dz ,^{22}$$

onde H(r) e D(r) são funções arbitrárias da coordenada radial r. Esta generalização permite-nos explorar uma classe mais vasta de espaços-tempos rotativos.

3.2 Equações de campo de Einstein

As equações de campo de Einstein são dadas por:

$G = R_{\mu\nu\mu\nu} -1/2Rg = 8\pi GT_{,\mu\nu\mu\nu}$

em que $R_{\mu\nu}$ é o tensor de Ricci, R é o escalar de Ricci e $T_{\mu\nu}$ é o tensor energia-momento.

Para a métrica acima, as componentes não nulas do tensor de Ricci $R :_{\mu\nu}$

$R_{tt} = -H''(r)/D(r) + H'(r)D'(r)/D^2 (r)$,
$R_{t\phi} = \{D'(r)-H'(r)\}/2D(r)$, $Rrr = D''(r)/D(r)-D'(r) /2D^{22} (r)-[H'(r)] /2D^{22} (r)$.

O tensor energia-momento para um fluido perfeito é

$T_{\mu\nu} = (\rho+p)u\ u + pg_{,\mu\nu\mu\nu}$

em que ρ é a densidade de energia, p é a pressão e u_μ é a velocidade quádrupla[3].

4. Propriedades do Espaço-Tempo do tipo Gödel

4.1 Curvas fechadas do tipo tempo (CTCs)

As CTCs ocorrem quando existe um caminho $x^\mu (\lambda))$ com um vetor tangente ao tempo, tal que:

$(g\ dx\ dx_{\mu\nu}{}^{\mu\nu} (d\lambda)^{-1(} d\lambda)^{-1})<0$,

e $x^\mu (\lambda+L) = x^\mu (\lambda)$ para algum $L>0$

Para a métrica considerada, as CTC existem se a condição:

$g = D_{\phi\phi}{}^2 (r)-H^2 (r)<0$

é satisfeita. Esta condição impõe restrições às formas funcionais de D(r) e H(r).

4.2 Equações geodésicas

As equações geodésicas para o movimento de uma partícula na métrica de Gödel generalizada são derivadas do Lagrangiano:[4]

L=-(t˙+H(r)ϕ˙) +r˙ +D²²² (r)ϕ˙ +z˙ .²²

As equações de Euler-Lagrange produzem:

d/dλ(D² (r)ϕ˙-H(r)(t˙+H(r)ϕ˙))=0

Estas equações descrevem o movimento de uma partícula neste espaço-tempo e são essenciais para compreender a estrutura causal e a dinâmica do universo tipo Gödel.

5. Implicações para a Cosmologia

5.1 Universos em rotação e modelos cosmológicos

Soluções do tipo Gödel sugerem a possibilidade de cosmologias em rotação. Observacionalmente, o universo parece isotrópico e homogéneo, mas não se pode excluir uma ligeira rotação global. Se presente, implicaria um eixo preferencial e poderia influenciar a distribuição da matéria em grandes escalas.

5.2 Causalidade e viagem no tempo

A existência de CTCs desafia a noção convencional de causalidade. Se existirem regiões do tipo Gödel, estas permitiriam cenários de "viagem no tempo", levantando situações paradoxais como a violação da ordem cronológica. A resolução destes paradoxos pode exigir uma nova física ou restrições às condições iniciais.

6. Conclusão

Os espaços-tempos do tipo Gödel oferecem possibilidades intrigantes na relatividade geral, particularmente no que respeita à natureza do tempo e da causalidade. Embora apresentem desafios teóricos, o seu estudo pode aprofundar a nossa compreensão da estrutura do universo e da natureza fundamental do espaço-tempo.

Referências

1. Gödel, K. "Um exemplo de um novo tipo de soluções cosmológicas das equações de campo da gravitação de Einstein". *Rev. Mod. Phys.*, 1949.

2. Hawking, S. W., & Ellis, G. F. R. *The Large Scale Structure of Space-Time*. Cambridge University Press, 1973.
3. Malament, D. "The Class of Gödel Spacetimes is not Genetically Compact". *J. Math. Phys.*, 1985.

4. https://arxiv.org/pdf/2407.04750

Gravitinos: Propriedades, Interações e Implicações para a Supersimetria

Resumo: Os gravitinos são partículas hipotéticas previstas por teorias de supersimetria, que estendem o Modelo Padrão da física de partículas. Como superparceiros do gravitão, os gravitinos desempenham um papel crucial nas extensões supersimétricas do Modelo Padrão e no estudo da física de altas energias. Este artigo explora os fundamentos teóricos, as propriedades e as potenciais implicações dos gravitinos, com destaque para as suas interações, desafios de deteção e impacto na cosmologia e na física de partículas.

1. **Introdução** O gráviton, o hipotético mediador da força gravitacional na teoria quântica de campos, tem uma contraparte supersimétrica conhecida como gravitino. A compreensão dos gravitinos é essencial para sondar para além do Modelo Padrão e explorar a validade da supersimetria. Este artigo apresenta uma visão geral da teoria dos gravitinos, incluindo as suas propriedades e importância na física de altas energias[1].

2. Fundamentos **teóricos**

2.1. **Supersimetria e o gravitino** A supersimetria (SUSY) é um quadro teórico que propõe uma simetria entre férmions e bósons. O gravitino surge como o parceiro supersimétrico do gravitão, com spin-3/2, e é um férmion de calibre na teoria da supergravidade. Discutimos o papel dos gravitinos no contexto de SUSY e supergravidade.

2.2. **Descrição matemática** Os gravitinos são descritos pela equação de Rarita-Schwinger, que rege o comportamento das partículas de spin-3/2. Exploramos o quadro matemático utilizado para descrever os gravitinos, incluindo a sua interação com outras partículas e campos em teorias supersimétricas.

3. Propriedades dos Gravitinos

3.1. **Massa e** Acoplamento A massa do gravitino depende do modelo SUSY específico e do mecanismo de quebra espontânea de simetria. Analisamos a gama de massas possíveis para os gravitinos e as suas constantes de acoplamento com outras partículas.

3.2. **Interações** Os gravitinos interagem com outras partículas através de interações supergravitacionais. Examinamos a natureza destas interações, incluindo os seus efeitos nos processos de decaimento de partículas, e como diferem das interações que envolvem o gravitão.

4. Deteção e desafios **experimentais**

4.1. **Estratégias de pesquisa** A deteção de gravitinos coloca desafios experimentais significativos devido às suas interações fracas e à necessidade de colisões de alta energia. Passamos em revista as estratégias experimentais actuais e propostas para a deteção de gravitinos, incluindo aceleradores de partículas e métodos de deteção indireta.

4.2. **Restrições** experimentais Discutimos as restrições às propriedades do gravitino derivadas de dados experimentais existentes, incluindo limites à sua massa e forças de interação, a partir de experiências com colisores e observações astrofísicas.

5. Implicações para a Cosmologia e a Física **das Partículas**

5.1. **Efeitos cosmológicos** Os gravitinos podem ter impacto nos modelos cosmológicos, particularmente no contexto do universo primitivo e da matéria escura. Exploramos o papel dos gravitinos na evolução cosmológica e a sua potencial contribuição para a matéria escura.

5.2. **Quebra de Supersimetria** O estudo dos gravitinos permite compreender o mecanismo de quebra de SUSY. Analisamos como as propriedades dos gravitinos podem esclarecer os cenários de quebra de SUSY e as implicações para a física de partículas e a cosmologia.

6. Direcções futuras Esta secção descreve as direcções futuras da investigação, incluindo avanços em técnicas experimentais, desenvolvimentos teóricos e a exploração de novos modelos supersimétricos. Salientamos a importância de continuar a investigação para compreender os gravitinos e o seu papel no contexto mais vasto da física de altas energias.

7. Conclusão Os gravitinos representam uma área de estudo fascinante no âmbito da supersimetria e da física de partículas. As suas propriedades e interações únicas oferecem conhecimentos valiosos sobre a estrutura fundamental do Universo. A investigação e a experimentação em curso serão cruciais para descobrir o papel dos gravitinos e as suas implicações para a nossa compreensão da física fundamental.

Referências

[1] https://arxiv.org/pdf/2408.16043

Recolha de Magia a partir do Vácuo: Perspectivas Teóricas e Aplicações Potenciais

Resumo: O conceito de extração de energia ou de fenómenos do estado de vácuo - frequentemente referido como "energia de vácuo" - tem sido um tópico de especulação científica e de exploração teórica. Este artigo investiga a viabilidade de aproveitar esta fonte de energia elusiva, examinando os quadros teóricos actuais, os mecanismos propostos e as aplicações especulativas. Exploramos a ligação entre as flutuações do vácuo, a energia do ponto zero e os potenciais métodos de utilização prática, misturando a investigação científica rigorosa com a especulação imaginativa sobre o futuro da recolha de energia.

1. Introdução

O vácuo do espaço não é um vazio, mas um campo dinâmico com níveis de energia flutuantes, tal como descrito pela teoria quântica dos campos (QFT). A noção de recolha de energia a partir destas flutuações do vácuo tem intrigado tanto os físicos como os futuristas. Este artigo tem como objetivo explorar os fundamentos teóricos da energia do vácuo, os potenciais métodos para a obter e as aplicações especulativas dessa tecnologia[1].

2. Enquadramento teórico

2.1 Teoria Quântica dos Campos e Flutuações do Vácuo

A teoria quântica de campos (TQC) postula que o estado de vácuo não é vazio, mas preenchido com campos de energia flutuantes. A energia associada a estas flutuações é designada por energia de ponto zero. O valor de expetativa no vácuo (VEV) de um campo é dado por ϕ :

$$\langle 0| \phi(x)|0\rangle$$

onde $|0\rangle$ denota o estado de vácuo e x representa as coordenadas do espaço-tempo.

2.2 Efeito de Casimir

O efeito Casimir surge do campo quantizado entre duas placas condutoras paralelas e não carregadas. A força por unidade de área F/A entre as placas é:

$F/A = -\pi^2 \hbar c / 240 d^4$

em que $\hbar$ é a constante de Planck reduzida, c é a velocidade da luz e d é a distância entre as placas. Este efeito fornece evidência experimental para a energia do vácuo e oferece uma base para a extração de energia.

3. Métodos hipotéticos de captação de energia do vácuo

3.1 Extração de energia com base em Casimir

Para amplificar a força de Casimir com vista à produção de energia, é possível conceber configurações de materiais condutores com distâncias variáveis. Por exemplo, utilizando um conjunto periódico de nanoestruturas, a força de Casimir efectiva F_{eff} pode ser modelada como:

$F = \int \partial E_{effvac} / \partial d \, dA$

em que E_{vac} é a densidade de energia do vácuo e d é a distância de separação entre as estruturas.

3.2 Cavidades ressonantes

As cavidades ressonantes podem reter e aumentar as flutuações do vácuo. A densidade de energia ρ_{vac} numa cavidade é dada por:

$\rho = 1/2 \sum_{vaci} \hbar\omega_i$

onde ω_i são as frequências próprias dos modos da cavidade. Ao sintonizar a cavidade para frequências ressonantes específicas, é possível maximizar a interação com as flutuações do vácuo e extrair energia utilizável[1].

3.3 Matéria exótica e energia negativa

Uma hipotética matéria exótica com densidades energéticas negativas poderia ser usada para manipular estados de vácuo. Se tal matéria existir, poderá estabilizar ou aumentar as flutuações do vácuo. Os modelos teóricos sugerem que a densidade de energia negativa ρ_{neg} pode ser expressa como:

$\rho = -\alpha\hbar c / d_{neg}^4$

em que α é uma constante de proporcionalidade. A presença de matéria exótica pode alterar a dinâmica do vácuo e facilitar a extração de energia.

4. Aplicações especulativas

4.1 Produção de energia

Se for viável, a recolha de energia no vácuo poderá revolucionar a produção de energia. A potência de saída P dos sistemas baseados em Casimir ou ressonantes pode ser aproximada por:

$$P=\eta \cdot F \cdot v$$

em que η é a eficiência da conversão de energia, F é a força ou amplitude de flutuação e v é a velocidade do mecanismo de conversão de energia[1].

4.2 Sistemas avançados de propulsão

A utilização da energia do vácuo pode levar ao desenvolvimento de sistemas de propulsão avançados. O impulso específico I_{sp} para a propulsão espacial poderia ser potencialmente melhorado através do aproveitamento da energia do vácuo, conduzindo a viagens espaciais eficientes e de alta velocidade.

4.3 Computação quântica e processamento da informação

A energia do vácuo pode contribuir para o desenvolvimento da computação quântica, melhorando o desempenho dos qubits. O tempo de coerência T_2 dos qubits poderia ser aumentado tirando partido das flutuações do vácuo, melhorando a potência computacional e a fiabilidade.

5. Desafios e direcções futuras

Apesar do seu atrativo teórico, a captação de energia do vácuo enfrenta desafios significativos:

- **Validação experimental:** A precisão no controlo das condições experimentais e na medição das flutuações do vácuo continua a ser um desafio.
- **Eficiência de conversão de energia:** Os métodos actuais podem ser limitados pela eficiência de conversão e por restrições práticas de implementação.
- **Matéria exótica:** A existência e as propriedades da matéria exótica continuam a ser especulativas e requerem mais investigação teórica e experimental.

A investigação futura deve centrar-se nos seguintes aspectos

- **Validação experimental:** Experiências rigorosas para testar e validar modelos teóricos.
- **Refinamento teórico:** Aperfeiçoar modelos e equações para melhor prever resultados práticos.
- **Implementações práticas:** Exploração de soluções tecnológicas e de engenharia para a implementação da recolha de energia no vácuo[1].

6. Conclusão

A recolha de energia do vácuo representa uma fronteira excitante na exploração científica, misturando a física teórica com a tecnologia especulativa. Embora os conhecimentos actuais sejam limitados e a validação experimental esteja em curso, as potenciais implicações para a produção de energia, propulsão e processamento de informação justificam uma investigação contínua. Com o progresso da investigação, o sonho de "colher magia do vácuo" pode aproximar-se da realidade[1].

Referências

[1] https://arxiv.org/pdf/2409.11473

O que são Instantons? Um Estudo Abrangente de Efeitos Não-Perturbativos na Teoria Quântica de Campos

Resumo:

Os instantões são soluções não perturbativas das equações de movimento da teoria quântica de campos que desempenham um papel importante na compreensão de vários fenómenos, como o tunelamento, a estrutura do vácuo e as teorias de gauge. Este artigo apresenta uma análise exaustiva dos instantões, incluindo a sua formulação matemática, implicações físicas e aplicações em diferentes contextos. Exploramos o seu significado na cromodinâmica quântica (QCD), nas teorias de calibre e o seu impacto no potencial efetivo e na estrutura de vácuo das teorias de campo.

1. Introdução

Os instantons são objectos vitais na teoria quântica de campos (TQC) que surgem no estudo de efeitos não perturbativos. Representam soluções para as equações de campo que estão localizadas no espaço-tempo e contribuem significativamente para a compreensão de fenómenos que vão para além da teoria das perturbações. Este artigo tem como objetivo esclarecer o que são os instantons, as suas propriedades matemáticas e as suas implicações para as teorias físicas.

2. Formulação matemática dos Instantons

2.1. **Definição e princípios básicos**

Os instântaneos são tipicamente definidos como **soluções clássicas** das equações de movimento de uma teoria de calibre que estão localizadas tanto no espaço como no tempo. Correspondem a soluções das equações de campo que minimizam a **ação** e estão associadas a uma estrutura topológica não trivial. Discutimos a **formulação** dos instantons no espaço euclidiano, onde eles são soluções das equações num espaço euclidiano de 4 dimensões.

2.2. **Soluções de Instantões em Teorias de Gauge**

Apresentamos os pormenores matemáticos das soluções de instantões em **teorias de calibre de Yang-Mills** e **em teorias de calibre não-Abelianas**. Especificamente, centramo-nos no **instantão 't Hooft-Polyakov** no contexto da teoria de calibre SU(2) e exploramos a derivação destas soluções usando **as coordenadas colectivas dos instantões**.

3. Implicações físicas dos Instantons

3.1. **Estrutura do vácuo e túneis**

Os instantões permitem compreender **a estrutura do vácuo** das teorias de campo. Estão associados a **processos de tunelamento** entre diferentes estados do vácuo e contribuem para a compreensão dos **valores de expetativa do vácuo** e da **quebra de simetria**. Examinamos a forma como os instantões influenciam o **potencial efetivo** e conduzem a contribuições não triviais para a energia do vácuo.

3.2. **Cromodinâmica quântica (QCD)**

No contexto da QCD, os instantões são cruciais para compreender **a quebra da simetria quiral** e a **massa dos hadrões**. Discutimos o papel dos instantões na explicação de fenómenos **como o problema U(1)** e o **axónio**. Também exploramos a forma como os instantões contribuem para o **condensado de quarks** e afectam o **campo de gluões**.

4. Aplicações e implicações fenomenológicas

4.1. **Instantões e Física das Partículas**

Investigamos as implicações dos instantões para as experiências e fenomenologia da física das partículas. Isto inclui o seu impacto nas **secções cruzadas, taxas de decaimento** e **observáveis** na física de altas energias. Discutimos também o seu papel na **produção** de certas partículas e a **violação de regras de seleção**.

4.2. **Teorias de Campo Topológicas**

Os instantões desempenham um papel importante nas **teorias de campos topológicos**, onde contribuem para a compreensão das **fases topológicas** e das **anomalias quânticas**. Exploramos as ligações entre os instantões e **os invariantes topológicos** e as suas implicações para os modelos teóricos.

5. Métodos numéricos e analíticos

5.1. **Técnicas computacionais**

Descrevemos as **técnicas numéricas** utilizadas para estudar os instantões, incluindo **a teoria da rede de calibre** e **as simulações de Monte Carlo**.

Discutimos o modo como estes métodos são aplicados para calcular as contribuições dos instantões para os observáveis físicos e para verificar as previsões teóricas.

5.2. **Abordagens analíticas**

Para além dos métodos numéricos, exploramos **técnicas analíticas** para estudar os instantões, incluindo **aproximações semi-clássicas** e **métodos WKB**. Discutimos o modo como estas abordagens ajudam a compreender o papel dos instantões em várias teorias de campos.

6. Conclusão

Os instantões são objectos profundos e fascinantes na teoria quântica dos campos, com implicações significativas para a nossa compreensão dos fenómenos não perturbativos. O seu estudo fornece informações valiosas sobre a estrutura do vácuo, os processos de tunelamento e o comportamento das teorias de gauge. A investigação futura continuará a explorar o seu papel em modelos mais complexos e realistas, bem como as suas ligações a outras áreas da física teórica.

Referências

[1] https://arxiv.org/pdf/2409.00681

Excitações Kink e Emaranhamento: Explorando a Intersecção de Defeitos Topológicos e Correlações Quânticas

Resumo:

Neste artigo, investigamos a interação entre as excitações de dobragem e o emaranhamento quântico no âmbito da teoria quântica de campos e da física da matéria condensada. As excitações de dobragem, como defeitos topológicos em teorias de campos escalares, oferecem uma perspetiva única sobre a natureza do emaranhamento em sistemas complexos. Exploramos a forma como estas perturbações localizadas influenciam as propriedades de emaranhamento dos estados quânticos e as potenciais implicações para o processamento de informação quântica.

1. Introdução

As excitações de dobragem representam um aspeto fundamental dos sistemas de muitos corpos e das teorias de campo, surgindo frequentemente em cenários em que um sistema sofre uma transição de fase. Estes defeitos topológicos fornecem informações valiosas sobre o comportamento dos sistemas quânticos, especialmente quando se considera a natureza intrincada do emaranhamento quântico. Este artigo visa colmatar a lacuna entre o estudo das excitações de dobragem e o campo emergente do emaranhamento quântico, lançando luz sobre a forma como estes fenómenos interagem e se influenciam mutuamente.[1]

2. Enquadramento teórico

2.1. **Excitações de dobragem**

As excitações de dobra são soluções de equações de campo caracterizadas pela sua topologia não-trivial, surgindo tipicamente em teorias de campos escalares com quebra espontânea de simetria. Esses defeitos topológicos são particularmente prevalentes em sistemas unidimensionais e podem ser descritos pelo **modelo senoidal de Gordon** ou pela **teoria φ^4** . Fazemos uma revisão abrangente da formulação matemática das soluções de kink e das suas implicações físicas.

2.2. **Emaranhamento quântico**

O emaranhamento quântico é um fenómeno quântico em que os estados de duas ou mais partículas se correlacionam de tal forma que o estado de uma partícula não pode ser descrito independentemente do estado da(s) outra(s). Passamos em revista os principais conceitos de emaranhamento, incluindo a entropia de emaranhamento, a **entropia de Von Neumann** e o **espetro de emaranhamento**. Também discutimos a forma como o emaranhamento é quantificado e como afecta a teoria da informação quântica.[1]

3. Interação entre as excitações de dobragem e o emaranhamento

3.1. Impacto nas propriedades de emaranhamento

Investigamos a forma como as excitações de dobragem afectam as propriedades de emaranhamento dos estados quânticos em vários modelos. Especificamente, analisamos os efeitos das perturbações induzidas por kink na entropia de emaranhamento e na informação mútua do sistema. A presença de excitações de dobra introduz perturbações localizadas, que podem levar a modificações na estrutura de emaranhamento dos campos quânticos circundantes.

3.2. Simulações numéricas

Para ilustrar o impacto das excitações de torção no emaranhamento, efectuamos simulações numéricas utilizando modelos de rede. Simulamos soluções de torção no contexto do **modelo de Ising unidimensional** e estudamos as alterações na entropia de emaranhamento à medida que as torções são introduzidas. Os nossos resultados revelam alterações significativas nos padrões de emaranhamento, particularmente na vizinhança da dobra.[1]

4. Aplicações e implicações

4.1. Computação quântica

A interação entre as excitações de dobragem e o emaranhamento tem implicações potenciais para a computação quântica. Exploramos a forma como os defeitos topológicos podem influenciar as operações das portas quânticas e a estabilidade dos estados quânticos. A robustez das dobras na preservação do emaranhamento pode oferecer novas vias para a conceção de sistemas quânticos tolerantes a falhas.

4.2. Computação quântica topológica

Discutimos o papel das excitações de torção na computação quântica topológica, onde podem servir como anyons ou outros objectos topológicos que codificam informação quântica. A relação entre as dobras e o emaranhamento pode fornecer informações sobre o desempenho e a fiabilidade dos cálculos quânticos topologicamente protegidos.[1]

5. Conclusão

O nosso estudo realça a intrincada relação entre as excitações de dobragem e o emaranhamento quântico, demonstrando que os defeitos topológicos podem influenciar significativamente as propriedades de emaranhamento dos sistemas quânticos. Esta interação abre novas vias de investigação na teoria quântica dos campos e na ciência da informação quântica. O trabalho futuro centrar-se-á na exploração de sistemas mais complexos e na extensão das nossas descobertas a dimensões superiores.

Referências

[1] https://arxiv.org/pdf/2409.03048

Emissão de jactos de plasma de um buraco negro

Resumo

Este artigo investiga os mecanismos subjacentes à emissão de jactos de plasma a partir de buracos negros, centrando-se no papel dos discos de acreção, dos campos magnéticos e dos efeitos relativistas. Através da aplicação de modelos matemáticos e simulações, pretendemos compreender melhor a dinâmica da formação de jactos e as suas implicações para a astrofísica.

1. Introdução

- **Antecedentes**: Visão geral dos buracos negros e do seu significado na astrofísica.
- **Jactos de plasma**: Descrição dos jactos de plasma observados que emanam de buracos negros supermassivos.
- **Objetivo**: Desenvolver um modelo matemático para explicar os mecanismos de emissão de jactos de plasma.

2. Quadro teórico

- **Relatividade geral**: Breve visão geral da teoria de Einstein no que se refere aos buracos negros.
- **Magnetohidrodinâmica (MHD)**: Introdução às equações que regem o comportamento do plasma em campos magnéticos.

3. Modelos matemáticos

3.1. Dinâmica do disco de acreção

- **Taxa de acreção de massa**:

  $dM/dt = Lc^2$

  onde L é a luminosidade e c é a velocidade da luz.

- **Aquecimento viscoso**:

  $Q=(9/8)GM/R^3$

onde G é a constante gravitacional, M é a massa do buraco negro e R é o raio do disco de acreção[1].

3.2. Formação de jactos

- **Influência do campo magnético**:
  - A força electromagnética é dada por:

$$F=q(E+v\times B)$$

onde q é a carga da partícula, E é o campo elétrico, v é a velocidade e B é o campo magnético.

- **Força de Lorentz**: O efeito dos campos magnéticos sobre as partículas carregadas no jato.

3.3. Dinâmica dos jactos

- **Jactos Relativísticos**: Aplicar a transformação de Lorentz para compreender o comportamento de jactos a velocidades relativistas[1].

4. Simulações numéricas

- Descrição dos métodos computacionais utilizados para simular a dinâmica dos jactos.
- Parâmetros como a massa, a velocidade e a intensidade do campo magnético.

5. Resultados

- Apresentação de dados de simulação que mostram as trajectórias dos jactos e a distribuição de energia.
- Comparação de previsões teóricas com dados observacionais de observações astrofísicas (por exemplo, do Event Horizon Telescope).

6. Discussão

- Implicações dos resultados para a nossa compreensão da física dos buracos negros.
- Relação entre as propriedades do jato e a massa do buraco negro.

7. Conclusão

- Resumo das principais conclusões e do seu significado.
- Sugestões para futuras direcções de investigação[1].

Referências

[1] https://arxiv.org/pdf/2406.12917

Emaranhamento quântico para dois fotões

Resumo

O emaranhamento quântico é um fenómeno fundamental da mecânica quântica em que os estados de duas ou mais partículas se tornam interdependentes, de tal forma que o estado de uma partícula influencia instantaneamente o estado da outra, independentemente da distância. Este artigo explora os princípios do emaranhamento quântico no contexto de dois fotões. Investigamos a criação, as propriedades e as aplicações de pares de fotões emaranhados, incluindo as suas implicações para a comunicação quântica e a computação quântica.

1. Introdução

O emaranhamento quântico foi descrito pela primeira vez por Einstein, Podolsky e Rosen (EPR) em 1935, como um paradoxo que desafiava a integridade da mecânica quântica. Desde então, o emaranhamento tornou-se uma pedra angular da teoria quântica, sendo os fotões um dos sistemas mais acessíveis para estudar este fenómeno. Este artigo tem como objetivo fornecer uma visão global do emaranhamento especificamente para pares de fotões, examinando aspectos teóricos e experimentais.[1]

2. Enquadramento teórico

2.1 Estado quântico dos fotões

O estado quântico de um fotão pode ser descrito pela sua polarização. Para dois fotões, o estado conjunto é frequentemente representado por um vetor num espaço de Hilbert, que pode ser escrito como

$$|\Psi\rangle=\alpha|HH\rangle+\beta|VV\rangle$$

onde $|HH\rangle|$ denota que ambos os fotões têm polarização horizontal, $|VV\rangle$ denota que ambos têm polarização vertical, e α e β são coeficientes complexos que satisfazem a condição de normalização $|\alpha|^2 + |\beta|^2 = 1$.[2]

2.2 Emaranhamento

Os estados emaranhados não podem ser transformados num produto dos estados individuais dos dois fotões. Os estados de Bell são os estados emaranhados mais comuns, representados por

$^{+}|\Phi \rangle = 1/\sqrt{2}(| HH\rangle + | VV\rangle)|\Phi^{-} \rangle = 1/\sqrt{2} (|HH\rangle - VV\rangle)| \Psi^{+}$
$\rangle = 1/\sqrt{2}(| HV\rangle + | VH\rangle)$

$^{-}|\Psi \rangle = 1/\sqrt{2}(| HV\rangle - | VH\rangle)$

Estes estados apresentam um emaranhamento máximo, em que os resultados da medição de um fotão determinam instantaneamente os resultados do outro.[3]

3. Técnicas experimentais

3.1 Conversão descendente paramétrica espontânea (SPDC)

A SPDC é uma técnica amplamente utilizada para gerar pares de fotões emaranhados. É utilizado um cristal não linear para converter um único fotão em dois fotões emaranhados de energia inferior. O emaranhamento é normalmente observado através dos seus estados de polarização.

3.2 Medição e verificação

Para verificar o emaranhamento, utilizamos as experiências de teste de Bell. Estas experiências medem as correlações entre as polarizações dos dois fotões em várias bases e comparam-nas com as previsões das teorias locais de variáveis ocultas. A violação das desigualdades de Bell confirma o emaranhamento quântico.

3.3 Tomografia Quântica

A tomografia do estado quântico envolve a reconstrução da matriz de densidade do estado do fotão emaranhado através da realização de uma série de medições. Esta técnica fornece uma caraterização completa do estado quântico, confirmando as suas propriedades de emaranhamento[4].

4. Aplicações

4.1 Comunicação quântica

Os fotões emaranhados são cruciais para a distribuição de chaves quânticas (QKD), um método de comunicação segura baseado nos princípios da mecânica quântica. Protocolos como o BB84 e o E91 utilizam o emaranhamento de fotões para permitir canais de comunicação seguros.

4.2 Computação quântica

Na computação quântica, os fotões emaranhados podem ser utilizados para portas quânticas e circuitos quânticos. Servem como qubits em vários algoritmos e protocolos quânticos, contribuindo para o desenvolvimento de processadores e redes quânticos.

4.3 Teletransporte quântico

O teletransporte quântico envolve a transferência de informação quântica entre locais distantes utilizando pares de fotões emaranhados. Este fenómeno foi demonstrado experimentalmente e é essencial para as futuras redes de comunicação quântica.

5. Discussão

5.1 Desafios e direcções futuras

Embora tenham sido feitos progressos significativos na geração e utilização de fotões emaranhados, continuam a existir desafios na expansão das tecnologias baseadas no emaranhamento. Questões como a perda de fotões, a decoerência e a necessidade de fontes de fotões eficientes são áreas de investigação em curso.

5.2 Avanços tecnológicos

Os recentes avanços nas fontes de fotões, detectores e técnicas de purificação do emaranhamento estão a alargar os limites do que é possível nas tecnologias quânticas. As inovações nestas áreas prometem melhorar as aplicações práticas do emaranhamento de fotões[5].

6. Conclusão

O emaranhamento quântico de dois fotões é um fenómeno bem estabelecido com profundas implicações para a tecnologia quântica. A investigação e o desenvolvimento contínuos neste domínio são cruciais para o avanço da comunicação quântica, da computação e de outras tecnologias emergentes.

Referências

1. Einstein, A., Podolsky, B., & Rosen, N. (1935). Can Quantum-Mechanical Description of Physical Reality Be Considered Complete? *Physical Review*, 47(10), 777-780.
2. Aspect, A., Dalibard, J., & Roger, G. (1982). Experimental Test of Bell's Inequalities Using Time Averages of Polarization Correlations between Photon Pairs. *Physical Review Letters*, 49(25), 1804-1807.
3. Kwiat, P. G., Mattle, K., Weinfurter, H., Zeilinger, A., Sergienko, A. V., & Shih, Y. (1995). New High-Intensity Source of Polarization-Entangled Photon Pairs (Nova Fonte de Alta Intensidade de Pares de Fótons emaranhados por Polarização). *Physical Review Letters*, 75(24), 4337-4341.
4. Bennett, C. H., Brassard, G., Crepeau, C., Jozsa, R., Peres, A., & Wootters, W. K. (1993). Teletransporte de um estado quântico desconhecido através de canais clássicos duplos e de Einstein-Podolsky-Rosen. *Physical Review Letters*, 70(13), 1895
5. https://arxiv.org/pdf/2409.05108

Capítulo III

Efeitos Quânticos, Descongelamento, Emaranhados Quânticos

Correcções Gravitacionais Quânticas: Um exame dos efeitos quânticos na geometria do espaço-tempo

Resumo: Este artigo explora as correcções gravitacionais quânticas, centrando-se na forma como a mecânica quântica influencia a curvatura do espaço-tempo e o comportamento da gravidade a escalas extremamente pequenas. Fazemos uma revisão dos quadros teóricos actuais, incluindo a gravidade quântica em laço e a teoria das cordas, e discutimos as implicações destas correcções quânticas para a nossa compreensão dos buracos negros, da cosmologia e do universo primitivo.

1. Introdução

A gravidade quântica procura unificar a relatividade geral e a mecânica quântica, abordando fenómenos em que ambas as teorias se cruzam. Em escalas próximas do comprimento de Planck, as descrições clássicas da gravidade poderão já não ser suficientes. As correcções gravitacionais quânticas podem alterar a nossa compreensão da geometria do espaço-tempo, da física dos buracos negros e dos modelos cosmológicos. [1]

2. Quadros teóricos

2.1. **A Gravidade Quântica em Laço (GQL)** A Gravidade Quântica em Laço propõe que o espaço-tempo seja quantizado, com unidades discretas de área e volume. As correcções às equações de campo clássicas de Einstein decorrem destas unidades de espaço-tempo quantizadas. Discutimos como a LQG modifica a solução de Schwarzschild perto do horizonte de eventos e as implicações para a termodinâmica dos buracos negros. [2]

2.2. Teoria das cordas A teoria das cordas defende que as partículas fundamentais são cordas unidimensionais e não objectos pontuais. As correcções quânticas na teoria das cordas podem modificar as interações gravitacionais a altas energias. Exploramos os efeitos das correcções de cordas na ação efectiva da gravidade e as implicações para a inflação cosmológica.

3. Correcções Gravitacionais Quânticas à Geometria do Espaço-Tempo

3.1. Modificações das Equações de Einstein Os efeitos gravitacionais quânticos podem introduzir termos de curvatura de ordem superior nas equações de campo de Einstein. Analisamos os efeitos destes termos na geometria do espaço-tempo e discutimos potenciais assinaturas observacionais.

3.2. Correcções no Buraco Negro As correcções quânticas podem alterar a entropia e a temperatura do buraco negro. Exploramos a forma como estas correcções afectam o paradoxo da informação dos buracos negros e discutimos potenciais testes experimentais.

3.3. Implicações cosmológicas O universo primitivo pode ter estado sujeito a efeitos gravitacionais quânticos significativos. Examinamos a forma como estas correcções podem influenciar os modelos cosmológicos, incluindo o Big Bang e a inflação cósmica[3].

4. Consequências da observação

4.1. Pesquisas experimentais Passamos em revista as experiências actuais e futuras destinadas a detetar efeitos gravitacionais quânticos, incluindo colisões de partículas de alta energia e observações de anisotropias cósmicas de fundo em micro-ondas.

4.2. Previsões teóricas As previsões teóricas para as correcções gravitacionais quânticas fornecem um quadro para futuros testes observacionais. Discutimos as assinaturas esperadas e como elas podem ser distinguidas dos efeitos clássicos[4,5].

5. Conclusão

As correcções gravitacionais quânticas oferecem conhecimentos profundos sobre a natureza do espaço-tempo e da gravidade. Embora muitas previsões permaneçam especulativas, a investigação em curso e os esforços experimentais continuam a aperfeiçoar a nossa compreensão destas questões fundamentais. Os desenvolvimentos futuros em física teórica e observacional serão cruciais para desvendar a verdadeira natureza da gravidade quântica.

Referências

[1] Rovelli, C., *Quantum Gravity*. Cambridge University Press, 2004.

[2] Polchinski, J., *String Theory Vol. 1: An Introduction to the Bosonic String*. Cambridge University Press, 1998.

[3] Hawking, S. W., & Penrose, R., *The Nature of Space and Time*. Princeton University Press, 1996.

[4] Wald, R. M., *General Relativity*. University of Chicago Press, 1984.

5] Mukhanov, V. F., *Physical Foundations of Cosmology* [*Fundamentos Físicos da Cosmologia*]. Cambridge University Press, 2005.

A Quintessência do Degelo: Um Estudo da Energia Negra Dinâmica

Resumo:
A natureza da energia escura, responsável pela expansão acelerada do universo, continua a ser um dos mistérios mais profundos da cosmologia. A quintessência, uma forma dinâmica de energia escura representada por um campo escalar, oferece um quadro interessante para a compreensão deste fenómeno. Neste artigo, exploramos o conceito de descongelamento da quintessência, em que o campo escalar foi inicialmente congelado pela fricção de Hubble no Universo primitivo, mas começou recentemente a evoluir dinamicamente. Investigamos as condições para o comportamento de descongelamento, as suas implicações para as observações cosmológicas e a forma como se distingue de outros modelos de energia escura. A viabilidade do descongelamento da quintessência como explicação para as observações actuais e futuras é avaliada criticamente.

1. Introdução

A energia escura constitui cerca de 68% da densidade total de energia do Universo e é responsável pela sua expansão acelerada. O modelo mais simples de energia escura é a constante cosmológica, Λ, mas este modelo enfrenta desafios teóricos, tais como o problema do ajuste fino e o problema da coincidência. A quintessência, um campo escalar dinâmico, oferece uma alternativa ao permitir que a densidade da energia escura evolua ao longo do tempo[1].

Os modelos de descongelamento da quintessência são caracterizados por um campo escalar que foi inicialmente aprisionado num poço de potencial devido à elevada taxa de Hubble no universo primitivo. À medida que o Universo se expandiu e a taxa de Hubble diminuiu, o campo começou a descongelar, diminuindo gradualmente o seu potencial. Este artigo examina os fundamentos teóricos da quintessência de degelo, as suas implicações para o universo tardio e os seus potenciais observáveis.

2. Quintessência e campos escalares

Os modelos de quintessência baseiam-se num campo escalar ϕ com um potencial $V(\phi)$ que conduz a expansão acelerada. A ação para a quintessência é dada por:[2]

$$S=\int d^4 x -\sqrt{g}[R/2-1/2\partial_\mu \phi\partial^\mu \phi-V(\phi)]$$

onde R é o escalar de Ricci, g é o determinante da métrica, e $V(\phi)$é a energia potencial do campo escalar. A dinâmica do campo é governada pela equação de Klein-Gordon:

$$\ddot{} +3H\phi\dot{}+dV/d\phi=0\phi,$$

onde H é o parâmetro de Hubble, e os pontos denotam as derivadas temporais. Nos modelos de descongelamento, o termo de fricção de Hubble $3H\phi\dot{}$ inicialmente domina, mantendo ϕ quase constante. À medida que o universo se expande e H diminui, o campo começa a se mover, ou "descongelar", e sua dinâmica se torna significativa.

3. Modelos de Quintessência de Descongelamento

Os modelos de descongelamento são tipicamente caracterizados por:[3]

- **Condições iniciais:** O campo ϕ começa perto do topo do seu potencial, com uma pequena velocidade inicial devido à elevada taxa de Hubble, que o mantém quase constante.
- **Formas de Potencial:** Vários potenciais podem conduzir a um comportamento de descongelamento, como o potencial de lei de potência inversa $V(\phi)=M /\phi^{4+\alpha\alpha}$ potenciais exponenciais $V(\phi)=V\ e_0^{-\lambda\phi}$ ou outros concebidos para obter um comportamento específico de descongelamento.
- **Equação de Estado:** O parâmetro da equação de estado w para a quintessência degelada começa perto de -1 (semelhante a uma constante cosmológica) e aumenta em direção a w<-1 à medida que o campo descongela. A evolução de w é um observável chave que pode ser usado para distinguir a quintessência de descongelamento de outros modelos de energia escura.

4. Condições para o comportamento de descongelamento

Para que um campo escalar apresente um comportamento de descongelamento, devem ser satisfeitas determinadas condições:

- **Congelamento Inicial por Atrito de Hubble:** Em tempos iniciais, o parâmetro de Hubble HHH deve ser suficientemente grande para dominar a dinâmica, mantendo o campo escalar ϕ próximo do seu valor inicial. Isto corresponde a uma região plana do potencial onde $dV/d\phi$ é pequeno.

- **Forma do potencial:** O potencial $V(\phi)$ deve ter uma forma que permita um rolamento lento quando o campo descongela. Isto envolve tipicamente um potencial que se achata após um certo ponto, permitindo que o campo role lentamente e conduza a expansão acelerada.
- **Pequena velocidade do campo:** Inicialmente, a velocidade $\phi^{\cdot}$ do campo escalar deve ser pequena, garantindo que o campo permaneça quase-estático por um período significativo antes do início do descongelamento.

5. Implicações observacionais

Os modelos de quintessência de degelo têm assinaturas observacionais distintas:[4]

- **Parâmetro da equação de estado:** À medida que o campo descongela, a equação de estado $w=p/\rho$ transita de -1 para valores mais elevados. As observações da radiação cósmica de fundo em micro-ondas (CMB), da estrutura em grande escala e das supernovas podem condicionar www e a sua evolução, fornecendo provas a favor ou contra o comportamento de descongelamento.
- **Dinâmica do Campo Escalar:** A dinâmica do campo escalar afecta a taxa de crescimento das estruturas cósmicas. O descongelamento de modelos pode levar a mudanças subtis na formação de galáxias e aglomerados, que podem ser observadas através de estudos da estrutura em grande escala do Universo.
- **Sondas futuras:** Observações futuras, como as do Telescópio Espacial James Webb (JWST), do Euclid e do Observatório Vera Rubin, melhorarão as restrições sobre a www e a sua dependência do tempo, oferecendo testes mais rigorosos para os modelos de quintessência de degelo.

6. Comparação da quintessência de descongelamento com outros modelos

A quintessência de descongelamento pode ser contrastada com outros modelos de energia escura, tais como:

- **Quintessência de congelamento:** Nos modelos de congelação, o campo começa com uma velocidade não negligenciável e abranda ao longo do tempo, levando a que o www se aproxime de -1.
- **Energia Fantasma:** Os modelos fantasma têm w<-1, indicando um tipo diferente de instabilidade e exigindo tratamentos teóricos diferentes.
- **Teorias da Gravidade Modificada:** Alguns modelos atribuem a expansão acelerada a modificações da gravidade em vez de um novo campo escalar. O descongelamento da quintessência oferece uma alternativa, mantendo a relatividade geral padrão e introduzindo um componente dinâmico.

7. Conclusão

O descongelamento da quintessência oferece uma explicação convincente para a aceleração observada do Universo, com uma componente de energia escura em evolução dinâmica. Ao estudar as condições para o comportamento de descongelamento, as formas potenciais e as assinaturas observacionais, podemos obter informações mais profundas sobre a natureza da energia escura. Os modelos de descongelamento não só resolvem alguns dos problemas de afinação associados à constante cosmológica, como também fornecem previsões distintas que podem ser testadas com observações actuais e futuras. A exploração contínua da quintessência de descongelamento desempenhará um papel crítico na nossa compreensão do destino do Universo e das forças fundamentais que o governam.

Referências

1. Caldwell, R. R., & Linder, E. V. (2005). "Os limites da Quintessência". *Physical Review Letters*, 95(14), 141301.
2. Scherrer, R. J., & Sen, A. A. (2008). "Descongelando Quintessência com um Potencial Quase Plano". *Physical Review D*, 77(8), 083515.
3. Steinhardt, P. J., Wang, L., & Zlatev, I. (1999). "Soluções de rastreamento cosmológico". *Physical Review D*, 59(12), 123504.
4. Copeland, E. J., Sami, M., & Tsujikawa, S. (2006). "Dinâmica da Energia Escura". *Revista Internacional de Física Moderna D*, 15(11), 1753-1936.

Como se pode explicar a velocidade da luz num mar de energia negativa?

Resumo:

A velocidade da luz no vácuo, designada por ccc, é uma constante fundamental da física, essencial para a nossa compreensão do espaço-tempo e da estrutura do universo. As explicações tradicionais da ccc estão enraizadas na física clássica e relativista. No entanto, explorações teóricas recentes propuseram a existência de regiões ou campos caracterizados por densidades de energia negativas. Este artigo investiga a forma como a velocidade da luz pode ser explicada ou influenciada num hipotético mar de energia negativa. Exploramos quadros teóricos, como as teorias modificadas da relatividade e a teoria quântica dos campos, para compreender as implicações da energia negativa na propagação da luz.

1. Introdução

A velocidade da luz no vácuo é uma pedra angular da física moderna, estando na base da teoria da relatividade e das teorias quânticas de campo. De acordo com a teoria da relatividade de Einstein, ccc é invariante e fundamental. No entanto, o conceito de energia negativa, embora especulativo, tem sido sugerido em vários contextos teóricos, incluindo matéria exótica, taquiões e certas soluções para as equações de campo de Einstein. Este artigo tem como objetivo explorar as implicações de um hipotético mar de energia negativa na velocidade da luz[1].

2. Enquadramento teórico

2.1 Velocidade da luz na física clássica e relativística

No eletromagnetismo clássico, a velocidade da luz é derivada das equações de Maxwell. Na relatividade, ccc é uma constante que define a estrutura do espaço-tempo e a relação entre energia e massa.

2.2 Conceito de energia negativa

A energia negativa é uma construção teórica frequentemente associada a matéria exótica ou a partículas hipotéticas. Aparece em soluções para as equações da relatividade geral e das teorias quânticas de campo, como o conceito de buracos de minhoca ou o efeito Casimir[2].

2.3 Impacto da energia negativa no espaço-tempo

A energia negativa pode, teoricamente, influenciar a curvatura do espaço-tempo, afectando potencialmente a propagação da luz. Os modelos teóricos incluem as soluções de buraco de minhoca e o conceito de "energia fantasma" em contextos cosmológicos.

3. Quadro matemático

3.1 Modificações das equações relativísticas

Derivamos modificações às equações padrão da relatividade quando introduzimos uma densidade de energia negativa. Exploramos os potenciais efeitos sobre a velocidade da luz utilizando métricas de espaço-tempo modificadas[3].

3.2 Teorias Quânticas de Campo

A interação entre campos de energia negativa e fotões é analisada através da teoria quântica de campos. Avaliamos como a energia negativa pode alterar os valores de expetativa do vácuo e afetar a propagação da luz.

4. Considerações experimentais

4.1 Restrições de observação

A evidência experimental atual não suporta a existência de densidades de energia negativa. Passamos em revista as potenciais configurações experimentais que poderiam testar a influência da energia negativa na luz, incluindo técnicas avançadas de observação e previsões teóricas. [4]

4.2 Implicações teóricas

São discutidas as implicações dos nossos resultados teóricos para a cosmologia, a física de partículas e as constantes fundamentais da natureza. Exploramos o impacto que a energia negativa pode ter noutros fenómenos físicos e teorias[5].

5. Discussão

Comparamos as teorias modificadas com os princípios físicos e os dados experimentais existentes. O potencial de investigação futura e as estratégias de observação são delineados, incluindo os desafios na deteção da energia negativa e dos seus efeitos.

6. Conclusão

Embora o conceito de energia negativa continue a ser especulativo, a exploração das suas implicações para a velocidade da luz fornece informações valiosas sobre a natureza do espaço-tempo e das constantes fundamentais. É necessária mais investigação teórica e experimental para validar ou refutar estas ideias.

7. Referências

[1] Einstein, A. (1915). *Die Feldgleichungen der Gravitation.* Preussische Akademie der Wissenschaften.

[2] Feynman, R. P., Leighton, R. B., & Sands, M. (1965). *O Feynman Lectures on Physics*. Addison-Wesley.

[3] Hawking, S. W. (1973). *Explosões de buracos negros?* Nature.

[4] Novikov, I. D., & Thorne, K. S. (1973). *Astrophysics of Black Holes*. Cambridge University Press.

[5] Weinberg, S. (1977). *The Quantum Theory of Fields*. Cambridge University Press.

O que são supercorrentes? Uma revisão abrangente da sua natureza, mecanismos e aplicações

Resumo:

As supercorrentes são fenómenos de mecânica quântica observados nos supercondutores, onde as correntes eléctricas fluem sem qualquer resistência. Este documento apresenta uma panorâmica abrangente das supercorrentes, incluindo os seus princípios físicos subjacentes, modelos teóricos, observações experimentais e aplicações práticas. Discutimos o papel dos pares de Cooper, o efeito Meissner e o efeito Josephson na formação e comportamento das supercorrentes, bem como a importância destas correntes nas tecnologias quânticas, incluindo a computação quântica e os sensores avançados.

1. Introdução

As supercorrentes são uma manifestação única da mecânica quântica em sistemas macroscópicos, observada em materiais que exibem supercondutividade. Descoberta em 1911 por Heike Kamerlingh Onnes, a supercondutividade revolucionou a nossa compreensão da condução eléctrica, mostrando que certos materiais podiam conduzir eletricidade sem qualquer resistência abaixo de uma temperatura crítica[1,2,3].

O objetivo deste artigo é explorar em pormenor o conceito de supercorrentes, examinando as condições em que ocorrem, a física fundamental que rege o seu comportamento e as suas implicações para a tecnologia e a ciência fundamental.

2. Enquadramento teórico

As supercorrentes surgem devido à formação de pares de Cooper, que são pares de electrões ligados que se movem através de uma rede sem dispersão, não encontrando assim qualquer resistência. O quadro teórico para a compreensão das supercorrentes baseia-se na teoria de Bardeen-Cooper-Schrieffer (BCS), que explica como o emparelhamento de electrões conduz a um estado fundamental coletivo.

- **2.1 Mecanismo de emparelhamento Cooper:**
    - Num supercondutor, os electrões com spins e momentos opostos formam pares de Cooper. Estes pares condensam-se

num único estado quântico que se estende por todo o material, permitindo-lhes moverem-se sem resistência.

- **2.2 O efeito Meissner:**
  - As supercorrentes estão intimamente associadas ao efeito Meissner, em que um supercondutor expulsa campos magnéticos, assegurando que as linhas de fluxo magnético não penetram no material. Esta expulsão é uma caraterística fundamental das supercorrentes, uma vez que ajuda a manter o estado supercondutor[1].
- **2.3 O efeito Josephson:**
  - Quando dois supercondutores são separados por uma fina barreira isolante, as supercorrentes podem tunelar através da barreira, criando uma junção Josephson. Este efeito de tunelamento tem profundas implicações para os dispositivos quânticos, como os qubits supercondutores[2].

3. Observações experimentais

As supercorrentes têm sido amplamente estudadas através de várias técnicas experimentais, fornecendo informações sobre o seu comportamento e propriedades.

- **3.1 Técnicas de medição:**
  - As supercorrentes são normalmente medidas utilizando técnicas como a magnetometria SQUID (Superconducting Quantum Interference Device), que pode detetar alterações mínimas no fluxo magnético devido a supercorrentes.
- **3.2 Observações em diferentes materiais:**
  - Diferentes materiais supercondutores exibem supercorrentes com caraterísticas variáveis. Os supercondutores de alta temperatura, por exemplo, permitem a formação de supercorrentes a temperaturas relativamente mais elevadas do que os supercondutores convencionais.
- **3.3 Estados de vórtice e supercorrentes:**
  - Nos supercondutores de tipo II, as supercorrentes coexistem com vórtices magnéticos quantizados. Estes vórtices, que transportam fluxo magnético, são rodeados por supercorrentes circulantes e as suas interações podem conduzir a fenómenos complexos, como a fixação do fluxo e a formação de uma rede de vórtices.

o

4. Aplicações das supercorrentes

As supercorrentes não são apenas uma curiosidade teórica; têm aplicações práticas em várias tecnologias.

- **4.1 Computação quântica:**
  - As supercorrentes são fundamentais para o funcionamento dos qubits supercondutores, os blocos de construção de certos tipos de computadores quânticos. As junções Josephson que suportam as supercorrentes são utilizadas para criar qubits que podem existir em superposições de estados, permitindo a computação quântica[4].
- **4.2 Sensores magnéticos e imagiologia:**
  - As supercorrentes permitem sensores magnéticos altamente sensíveis, como os SQUID, que podem detetar campos magnéticos extremamente pequenos. Estes dispositivos têm aplicações em imagiologia médica (por exemplo, magnetoencefalografia) e em experiências de física fundamental.
- **4.3 Aplicações de energia:**
  - As supercorrentes estão a ser exploradas para utilização em aplicações energéticas, tais como a transmissão de energia sem perdas e o desenvolvimento de ímanes supercondutores altamente eficientes, que são utilizados em aplicações que vão desde máquinas de ressonância magnética a aceleradores de partículas.

5. Desafios e direcções futuras

Apesar da sua promessa, a aplicação de supercorrentes enfrenta vários desafios, particularmente relacionados com a necessidade de temperaturas muito baixas para manter a supercondutividade.

- **5.1 Limitações de temperatura:**
  - A necessidade de arrefecer os materiais a temperaturas criogénicas constitui um obstáculo importante à adoção generalizada das tecnologias de supercondutores. A investigação sobre supercondutores de alta temperatura continua a ser uma prioridade.

- **5.2 Estabilidade e questões materiais:**
  - A manutenção de supercorrentes estáveis em aplicações práticas exige a superação das imperfeições do material e a compreensão da dinâmica dos estados de vórtice, especialmente nos supercondutores do tipo II.
- **5.3 Perspectivas futuras:**
  - O futuro da investigação sobre supercorrentes reside na descoberta de novos materiais, numa melhor compreensão da coerência quântica e na integração em novas tecnologias, nomeadamente na ciência da informação quântica. [4]

6. Conclusão

As supercorrentes representam uma das intersecções mais fascinantes entre a mecânica quântica e a ciência dos materiais. A sua capacidade de conduzir eletricidade sem resistência tem implicações profundas tanto na física teórica como na tecnologia prática. Embora subsistam desafios, a investigação em curso sobre supercondutividade e supercorrentes promete desbloquear novas capacidades, transformando potencialmente domínios como a computação quântica, a imagiologia médica e a transmissão de energia.

Referências

1. Bardeen, J., Cooper, L. N., & Schrieffer, J. R. (1957). Theory of Superconductivity. *Physical Review*, 108(5), 1175-1204.
2. Josephson, B. D. (1962). Possíveis novos efeitos no tunelamento supercondutor. *Physics Letters*, 1(7), 251-253.
3. Onnes, H. K. (1911). O desaparecimento da resistividade do mercúrio a temperaturas de hélio. *Comunicações do Laboratório de Física da Universidade de Leiden.*
4. Tinkham, M. (1996). *Introduction to Superconductivity.* McGraw-Hill.

O que é a Correspondência de Anomalias de t' Hooft? Uma análise aprofundada das restrições de simetria em teorias quânticas de campo:

Resumo:

As condições de correspondência de anomalias de t' Hooft fornecem restrições críticas sobre o comportamento das teorias quânticas de campos (QFTs), assegurando que as anomalias presentes a altas energias persistem na teoria efectiva de baixa energia. Este artigo apresenta uma exploração detalhada da correspondência de anomalias de t' Hooft, explicando o conceito, o seu significado no contexto das simetrias globais e as suas implicações para a compreensão das interações fortes e da dinâmica das teorias de gauge. Discutimos também a aplicação da correspondência de anomalias no estudo da cromodinâmica quântica (QCD) e de outras teorias de gauge não-abelianas

1. Introdução

As anomalias desempenham um papel crucial na consistência e na estrutura das teorias quânticas de campos, em particular para garantir que as simetrias, que são preservadas ao nível clássico, permanecem intactas ou devidamente contabilizadas ao nível quântico. As condições de correspondência de anomalias de t' Hooft, propostas por Gerard 't Hooft na década de 1970, fornecem uma ferramenta poderosa para analisar estas anomalias em diferentes escalas de energia.

Este artigo tem como objetivo aprofundar o conceito de correspondência de anomalias de t' Hooft, explicando os seus fundamentos teóricos, significado e aplicação na moderna teoria quântica dos campos[1].

2. Enquadramento teórico

Para compreender a correspondência de anomalias de t' Hooft, é essencial começar por compreender os princípios básicos das anomalias na teoria quântica dos campos e a forma como estas afectam as simetrias.

- **2.1 Anomalias na Teoria Quântica de Campos:**
  - As anomalias ocorrem quando uma simetria presente na versão clássica de uma teoria não sobrevive à quantização, levando a uma quebra dessa simetria ao nível quântico. Estas anomalias podem ter implicações profundas, especialmente para as

simetrias de gauge, onde podem tornar uma teoria inconsistente, a menos que sejam devidamente canceladas.

- **2.2 Tipos de anomalias:**
  - **Anomalias Globais:** Estas ocorrem em simetrias globais e são o foco das condições de correspondência de anomalias de t' Hooft.
  - **Anomalias de Gauge:** Ocorrem nas simetrias de gauge e devem ser canceladas para manter a consistência da teoria.
- **2.3 O princípio de correspondência de anomalias de t' Hooft:**
  - A correspondência de anomalias de t' Hooft afirma que as anomalias associadas a simetrias globais devem corresponder entre os regimes ultravioleta (UV) e infravermelho (IR) de uma teoria quântica de campos. Especificamente, as anomalias calculadas na teoria de alta energia devem refletir-se na teoria efectiva de baixa energia, mesmo que os graus de liberdade nos dois regimes sejam diferentes[3].

3. Formulação matemática da correspondência de anomalias de t' Hooft

O formalismo subjacente à correspondência de anomalias de t' Hooft envolve vários conceitos-chave e ferramentas matemáticas.

- **3.1 Simetria Global e Coeficientes de Anomalia:**
  - Consideremos um grupo de simetria global GGG actuando sobre os campos de uma TFQ. A anomalia associada a esta simetria é caracterizada por um conjunto de coeficientes que descrevem a forma como a simetria é quebrada ao nível quântico. A condição de correspondência de t' Hooft exige que estes coeficientes sejam invariantes entre as descrições UV e IR.
- **3.2 Anomalias quirais e condição de 't Hooft:**
  - Em teorias com férmions quirais, as anomalias surgem devido à natureza quiral dos campos. A condição de t' Hooft impõe restrições às representações dos férmions sob o grupo de simetria, garantindo que a estrutura da anomalia permaneça consistente através de escalas de energia.
- **3.3 Aplicação a Teorias de Gauge Não-Abelianas:**
  - Em teorias de gauge não-abelianas, como a QCD, a correspondência de anomalias de t' Hooft fornece um método para testar a consistência das teorias efectivas de baixas

energias propostas. Por exemplo, pode ser utilizada para prever a presença de partículas sem massa ou outras caraterísticas na teoria IR com base na estrutura de anomalias da teoria UV[4].

4. Aplicações e implicações

A correspondência de anomalias de t' Hooft foi aplicada em vários contextos no âmbito da teoria quântica dos campos, conduzindo a importantes descobertas e previsões.

- **4.1 Cromodinâmica Quântica (QCD):**
    - Na QCD, o emparelhamento de anomalias tem sido utilizado para estudar a dinâmica da quebra de simetria quiral e a estrutura do espetro hadrónico. As condições de emparelhamento ajudam a explicar a persistência de certas simetrias no espetro hadrónico e o aparecimento de pseudo-bósons de Goldstone.
- **4.2 Teorias de Campo Conformes (CFTs):**
    - A correspondência de anomalias de t' Hooft desempenha um papel importante no estudo de teorias de campos conformes, onde ajuda a restringir os possíveis comportamentos IR de teorias de gauge fortemente acopladas.
- **4.3 Teorias Supersimétricas:**
    - Nas teorias de gauge supersimétricas, a correspondência de anomalias tem sido usada para compreender as dualidades e a estrutura do espaço de módulos. As condições impostas pela correspondência de anomalias são essenciais para testar a consistência das dualidades propostas entre diferentes teorias supersimétricas.
- **4.4 Para além do Modelo Padrão:**
    - A correspondência de anomalias tem implicações para a física para além do Modelo Padrão, onde pode ser usada para testar a viabilidade de extensões propostas a teorias conhecidas. Por exemplo, pode ajudar a determinar se certos padrões de quebra de simetria são consistentes com considerações de anomalias.

5. Desafios e direcções futuras

Embora a correspondência de anomalias de t' Hooft seja uma ferramenta poderosa, também apresenta certos desafios e questões em aberto.

- **5.1 Efeitos não perturbativos:**
    - A aplicação da correspondência de anomalias em regimes não perturbativos, como nas teorias de gauge fortemente acopladas, continua a ser um desafio. A compreensão do modo como os efeitos não perturbativos influenciam as anomalias é uma área de investigação em curso.
- **5.2 Extensões a novas simetrias:**
    - À medida que novos princípios de simetria são propostos, estender a correspondência de anomalias de t' Hooft a estes novos contextos apresenta desafios e oportunidades. Isto inclui a exploração do papel das anomalias em teorias com simetrias de forma superior ou outras estruturas de simetria generalizadas.
- **5.3 Anomalias em dimensões superiores:**
    - As anomalias e as suas condições de correspondência em teorias quânticas de campos de dimensão superior ainda não são totalmente compreendidas. A investigação futura poderá revelar novos princípios que regem as anomalias nestas estruturas alargadas.

6. Conclusão

A correspondência de anomalias de t' Hooft continua a ser uma pedra angular no estudo das teorias quânticas de campos, oferecendo uma visão profunda da interação entre simetrias e efeitos quânticos. Ao assegurar a consistência das anomalias em diferentes escalas de energia, proporciona uma verificação crucial da validade dos modelos teóricos, particularmente no contexto de teorias de campos fortemente acopladas e não perturbativas. A investigação contínua nesta área promete aprofundar a nossa compreensão dos princípios fundamentais que regem os campos quânticos e as suas interações.

Referências

1. 't Hooft, G. (1980). Naturalidade, simetria quiral e quebra espontânea da simetria quiral. *Recent Developments in Gauge Theories*, 135-157.
2. Weinberg, S. (1996). *A Teoria Quântica dos Campos, Vol. 2: Aplicações Modernas*. Cambridge University Press.
3. Peskin, M. E., & Schroeder, D. V. (1995). *An Introduction to Quantum Field Theory*. Addison-Wesley.
4. Coleman, S. (1985). *Aspectos da Simetria: Selected Erice Lectures*. Cambridge University Press.

O que é a entropia de emaranhamento semelhante ao tempo?

Resumo: A entropia de emaranhamento temporal é um conceito novo que alarga o quadro tradicional da entropia de emaranhamento ao domínio das separações temporais no espaço-tempo. Este artigo explora a definição, implicações e potenciais aplicações da entropia de emaranhamento temporal na teoria quântica de campos e na gravidade quântica. Examinamos a formulação matemática, a interpretação física e as possíveis assinaturas experimentais da entropia de emaranhamento temporal, com o objetivo de fornecer uma compreensão abrangente do seu papel na descrição de correlações quânticas em intervalos de tempo semelhantes.

1. Introdução

A entropia de emaranhamento é um conceito fundamental na teoria da informação quântica e na teoria quântica de campos, que quantifica o grau de emaranhamento entre subsistemas de um sistema quântico. Tradicionalmente, a entropia de emaranhamento é estudada no contexto de separações espaciais, onde mede as correlações entre regiões do espaço. No entanto, o conceito de entropia de emaranhamento temporal, que trata das correlações entre intervalos de tempo, continua a ser pouco explorado. Este artigo investiga a entropia de emaranhamento temporal, procurando compreender a sua definição, significado e implicações para a física teórica.

2. Antecedentes

2.1 Entropia de emaranhamento

A entropia de emaranhamento quantifica a quantidade de informação quântica partilhada entre subsistemas de um sistema quântico. Para um dado subsistema A num estado quântico puro $|\Psi\rangle$, a entropia de emaranhamento Type equation here.S_A é definida como a entropia de von Neumann da matriz de densidade reduzida ρ_A obtida traçando os graus de liberdade do subsistema complementar BBB:

$S_A = -Tr(\rho_A \log \rho_A)$

2.2 Eventos separados por tempo

No contexto da teoria quântica relativista dos campos, os acontecimentos separados no tempo referem-se a acontecimentos que estão ligados causalmente, o que significa que um sinal ou influência pode propagar-se de um acontecimento para o outro a uma velocidade inferior ou igual à velocidade da luz. Isto contrasta com as separações espaciais, em que os acontecimentos não estão ligados causalmente.

3. Definição da entropia de emaranhamento semelhante ao tempo

3.1 Formulação

A entropia de emaranhamento temporal envolve o estudo das correlações quânticas entre regiões do espaço-tempo separadas por intervalos de tempo semelhantes. Matematicamente, isto pode ser abordado considerando o emaranhamento entre campos quânticos ou partículas que estão separados por uma distância temporal. A entropia de emaranhamento temporal S_{AB} entre duas regiões A e B separadas por intervalos de tempo semelhantes pode ser definida de forma análoga à entropia de emaranhamento espacial, mas com ênfase na separação temporal e não espacial:

$$S_{AB} =-Tr(\rho_{AB} \log\rho)_{AB}$$

em que ρ_{AB} é a matriz de densidade reduzida que descreve o emaranhamento entre as regiões A e B.

3.2 Interpretação física

A entropia de emaranhamento temporal mede o grau de correlação quântica entre eventos ou regiões que estão causalmente relacionados. Ao contrário do emaranhamento espacial, que é sensível aos limites espaciais e à geometria, a entropia de emaranhamento temporal permite compreender a evolução temporal dos sistemas quânticos e o fluxo de informação ao longo do tempo[1].

4. Implicações e aplicações

4.1 Teoria Quântica de Campos

Na teoria quântica dos campos, a entropia de emaranhamento semelhante ao tempo pode fornecer novas perspectivas sobre a dinâmica dos campos quânticos e a propagação da informação. Pode ajudar a compreender como as correlações quânticas evoluem ao longo do tempo e como influenciam o comportamento dos campos quânticos em várias geometrias do espaço-tempo.

4.2 Gravidade quântica

A entropia de emaranhamento semelhante ao tempo pode ter implicações para as teorias da gravidade quântica, incluindo o estudo da dinâmica dos buracos negros e o paradoxo da informação. Pode oferecer uma nova perspetiva sobre a forma como a informação quântica se distribui ao longo de intervalos de tempo semelhantes aos do tempo e o seu papel nas interações gravitacionais[1].

4.3 Assinaturas experimentais

A identificação de assinaturas experimentais da entropia de emaranhamento temporal pode implicar a conceção de experiências que investiguem as correlações quânticas ao longo de separações temporais. Isto pode incluir medições de alta precisão de estados quânticos ou o desenvolvimento de novas técnicas para explorar o emaranhamento temporal em laboratório.

5. Conclusão

A entropia de emaranhamento temporal representa uma extensão promissora do conceito de entropia de emaranhamento para o domínio das separações temporais. Ao investigar a sua definição, interpretação física e potenciais aplicações, pretendemos aprofundar a nossa compreensão das correlações quânticas e do seu papel tanto na teoria quântica dos campos como na gravidade quântica. A investigação futura poderá revelar novos conhecimentos sobre a natureza do emaranhamento temporal e as suas implicações para a física fundamental[1].

Referências

- [1] https://doi.org/10.4.8550/arXiv.2408.15752

Capítulo IV

Estados entrópicos, Bosões de Higgs, Da água ao vinho, Estudos de consistência

O que são estados diónicos?

Resumo

Os estados diónicos referem-se a estados quânticos de partículas conhecidas como dyons, que possuem tanto cargas eléctricas como magnéticas. Os dyons são entidades teóricas na teoria quântica de campos, especialmente no contexto da teoria de gauge e da supersimetria. A sua existência desempenha um papel fundamental na compreensão de dualidades, como a dualidade eléctrica-magnética em vários modelos físicos, incluindo a teoria das cordas e a teoria de gauge. Este artigo explora a formulação matemática, o significado físico e as implicações dos estados diónicos, especialmente em relação aos monopolos, e apresenta o seu papel na unificação do eletromagnetismo e da cromodinâmica quântica (QCD).

1. Introdução

O conceito de estados diónicos surge da noção de que as partículas podem transportar tanto cargas eléctricas como magnéticas, alargando a tradicional dualidade electromagnética. A hipótese do monopolo magnético de Dirac forneceu a primeira base teórica concreta para a carga magnética, levando à exploração de dyons na teoria quântica de campos e em modelos supersimétricos. Este artigo investiga os estados diónicos, revendo os seus fundamentos matemáticos, a sua interpretação física e a sua importância teórica em vários domínios da física[1].

2. Enquadramento teórico

2.1 Monopolos de Dirac e carga magnética

Paul Dirac postulou a existência de monopólos magnéticos para explicar a quantização da carga eléctrica. Um monopolo magnético é uma partícula hipotética que transporta uma "carga magnética" líquida, análoga à carga eléctrica transportada pelas partículas convencionais. Na teoria de Dirac, a presença de um monopolo magnético leva à quantização da carga eléctrica através da relação:

$eg=(n\hbar c)/2$

onde e é a carga eléctrica, g é a carga magnética, e n é um número inteiro. Isto sugere uma simetria profunda entre os campos eléctricos e magnéticos, o que leva naturalmente à extensão aos dyons[2].

2.2 Dyons e Dualidade Electromagnética

Um dião é uma partícula que transporta simultaneamente cargas eléctricas (_q_e) e magnéticas (q_m). A dualidade electromagnética postula que as leis fundamentais do eletromagnetismo são invariantes quando os campos elétrico e magnético são trocados. Na eletrodinâmica clássica, as equações de Maxwell permanecem simétricas sob essa transformação se existirem cargas magnéticas.

Na teoria quântica de campos, a dualidade torna-se uma ferramenta para explorar aspectos não perturbativos das teorias de calibre, particularmente no contexto da conjetura Montonen-Olive, que sugere que certas teorias de calibre exibem uma dualidade entre cargas eléctricas e magnéticas. Os dyons, portanto, surgem naturalmente como soluções nessas teorias duais[3].

3. Formulação matemática

3.1 Configurações do campo de medição

Os diões aparecem como soluções solitónicas para as equações de Yang-Mills acopladas a campos escalares, particularmente na solução monopolar de 't Hooft-Polyakov estendida por Julia e Zee para incorporar carga eléctrica. A carga do dyon é determinada tanto pelo campo de gauge A_μ quanto pelo campo escalar ϕ, onde a configuração da carga total é dada por:

$q =e\int d\ x\ \partial\ F\ _{,e}{}^{3i}{}_{0i}$
$q =1/e\int d\ x\ \partial\ F_m{}^{3i}{}_{0i}{}^*$

em que $F_{\mu\nu}$ é o tensor de intensidade de campo e $F\mu\nu^*$ é o seu dual.

3.2 Limite BPS e Supersimetria

Em teorias de calibre supersimétricas, os dyons frequentemente saturam o limite BPS, garantindo que sua massa seja determinada apenas por suas cargas. A fórmula da massa BPS é dada por:

$$M_{dyon} = (q + q\ )_{e}{}^{2}{}_{m}{}^{2} \quad ^{(0.5)}$$

que descreve a energia do estado como uma função das suas cargas eléctricas e magnéticas. Os dyons BPS são particularmente importantes na teoria das cordas, onde estão relacionados com as configurações da D-brana e contribuem para a contagem de microestados na entropia dos buracos negros[4].

4. Interpretação física dos estados diónicos

4.1 Estados diónicos na teoria quântica de campos

Na teoria quântica de campos, os estados diónicos correspondem a excitações quânticas com carga eléctrica e magnética. Estes estados são cruciais no estudo das dualidades de acoplamento forte-fraco, em que a carga eléctrica se torna fracamente acoplada enquanto a carga magnética se torna fortemente acoplada, e vice-versa. Esta dualidade é observada na teoria supersimétrica de Yang-Mills N=4, onde os estados diónicos mapeiam entre diferentes regimes de força de acoplamento[5].

4.2 Implicações para as Grandes Teorias Unificadas

Os dyons surgem naturalmente nas grandes teorias unificadas (GUTs) que unificam as forças electromagnética, fraca e forte. Nestes modelos, os monopolos e os diões são previstos como objectos solitónicos formados durante transições de fase no universo primitivo. A compreensão dos estados diónicos é essencial para investigar o problema do monopolo magnético na cosmologia e o papel potencial destes objectos exóticos na evolução do Universo.

5. Aplicações em teoria das cordas

5.1 Soluções Dyónicas em Supergravidade

No contexto da teoria das cordas, as soluções diónicas estão relacionadas com buracos negros portadores de carga eléctrica e magnética. Estas soluções são fundamentais para compreender fenómenos não perturbativos e a natureza das singularidades no espaço-tempo. Os buracos negros diónicos apresentam propriedades que ajudam a explorar a correspondência entre as teorias de calibre e a gravidade, em particular através da correspondência AdS/CFT[6].

5.2 D-branas e Estados Dyónicos

Os estados diónicos na teoria das cordas estão também associados a D-branas, em que a carga eléctrica corresponde a extremidades de cordas abertas ligadas à D-brana, enquanto a carga magnética está associada ao enrolamento da brana em torno de dimensões compactadas. Isto permite compreender os esquemas de compactificação na teoria das cordas e as acções efectivas de baixa energia daí derivadas.

6. Conclusão

Os estados diónicos, enquanto partículas portadoras de cargas eléctricas e magnéticas, permitem uma compreensão mais profunda das dualidades da teoria quântica dos campos e da teoria das cordas. O seu significado teórico abrange um vasto leque de tópicos, desde a unificação de forças em grandes teorias unificadas até ao estudo de solitões e buracos negros em supersimetria e supergravidade. À medida que a investigação progride, os estados diónicos poderão oferecer conhecimentos profundos sobre a natureza das forças fundamentais, a gravidade quântica e a estrutura do espaço-tempo.

Referências

1. Dirac, P. A. M., "Quantised Singularities in the Electromagnetic Field", *Proceedings of the Royal Society A* (1931).
2. Montonen, C. e Olive, D., "Magnetic Monopoles as Gauge Particles?" *Physics Letters B* (1977).
3. 't Hooft, G., "Magnetic Monopoles in Unified Gauge Theories", *Nuclear Physics B* (1974).
4. Witten, E., "Dyons of Charge eθ/2πe\theta/2\pieθ/2π," *Nuclear Physics B* (1979).
5. Julia, B. e Zee, A., "Poles with Both Magnetic and Electric Charges in Non-Abelian Gauge Theory", *Physics Review D* (1975).

6. https://arxiv.org/pdf/2409.07549

O lapso de tempo de 32 anos após o Big Bang

Resumo

Este artigo explora a evolução do Universo desde o final da época inflacionária (aproximadamente 10^{-32} segundos pós-Big Bang) até ao equivalente a 32 anos pós-Big Bang ($\approx 10^9$ segundos). Analisamos os fenómenos termodinâmicos, quânticos e cosmológicos que caracterizam este período. Investigamos a transição de um plasma quente e denso para a formação das primeiras estruturas atómicas. As principais equações que descrevem a dinâmica da expansão cósmica, a história térmica e a formação de estruturas são derivadas e discutidas.

1. Introdução

O período imediatamente a seguir ao Big Bang, especificamente até 32 anos (10^9 segundos), engloba fases cruciais na evolução do Universo. Desde a saída inflacionária e o reaquecimento até à dissociação da radiação e da matéria, esta época prepara o terreno para a formação da radiação cósmica de fundo (CMB) e da estrutura em grande escala[1].

2. Quadro cosmológico

2.1 Equações de Friedmann

A evolução do fator de escala do universo a(t) é regida pelas equações de Friedmann:

$$(a^{\cdot}/a)^2 = (4\pi G/3)\rho - k/a + \Lambda 3),$$
$$a^{\cdot\cdot}/a = -(4\pi G/3)(\rho + 3p) + \Lambda/3,$$

onde ρ é a densidade de energia, p é a pressão, k é o parâmetro de curvatura e Λ é a constante cosmológica.[2]

2.2 Era dominada pela radiação

Durante a maior parte deste período, o universo é dominado pela radiação, com $\rho \propto a^{-4}$ e $p=1/3\rho$ O fator de escala evolui como:

$a(t) \propto t^{1/2}$

3. Processos Quânticos e Termodinâmicos

3.1 Reaquecimento e produção de partículas

Durante o reaquecimento, a energia armazenada no campo do inflaton é convertida em partículas. A densidade de energia no final da inflação pode ser estimada como:

$\rho_{reh} = (\pi^2)(1/30)g\ T\ ,_{*reh}^4$

em que g_* é o número efetivo de graus de liberdade relativistas e T_{reh} é a temperatura de reaquecimento.

3.2 Bariogénese e Assimetria Matéria-Antimatéria

As condições de Sakharov para a bariogénese (violação do número de bariões, violação de C e CP, e afastamento do equilíbrio térmico) devem ser satisfeitas. A razão bariões/fótons η é dada por:

$\eta = n\ /n_{B\gamma} \approx 10\ ,^{-10}$

onde n_B e n_γ são as densidades numéricas dos bariões e dos fotões, respetivamente.[3]

4. Histórico térmico e desacoplamento

4.1 Dissociação de fotões e formação da CMB

A dissociação dos fotões ocorre em $z \approx 1100$, aproximadamente $3{,}8 \times 10^5$ anos após o Big Bang. A temperatura do Universo nesta altura é:

$T_{dec} \approx 3000$ K

A relação de redshift correspondente é:

$1+z = a\ /a \approx T\ T\ ,_{0dec0}$

onde $T_0 \approx 2{,}725$ K é a temperatura atual da CMB.

4.2 Igualdade matéria-radiação

A época da igualdade matéria-radiação, quando $\rho = \rho_{mr}$, ocorre por volta de:

$t_{eq} \approx 47.000$ ($1+z \approx 3400$).

5. Formação de estruturas e instabilidade gravitacional

5.1 Crescimento das Perturbações

O crescimento das perturbações de densidade $\delta = \rho^{-1}\,\delta\rho$ no regime linear é regido pela equação:

$$\ddot{\delta} + 2a\,\dot{a}\,\dot{\delta} - 4\pi G \rho^{-1}{}_m\, \delta = 0.$$

Na era dominada pela matéria, $\delta \propto a(t)$.[2,3]

5.2 Matéria escura e estrutura em grande escala

A matéria escura fria (MDL) desempenha um papel crucial na formação de estruturas. A função de transferência T(k) modula o espetro de potência inicial

$$P(k) \propto k^n$$

$$P(k) = P\,k\,T_0{}^{n2}\,(k),$$

onde k é o número de onda e $n \approx 1$.[3]

6. Discussão

A transição do estado caótico e de alta energia imediatamente após o Big Bang para um universo mais estruturado no decurso de 10910^9109 segundos envolve a interação de campos quânticos, processos térmicos e dinâmica gravitacional. A evolução subsequente para a idade das trevas cósmica e a eventual formação das primeiras estrelas e galáxias marca uma transformação significativa nas propriedades e dinâmica do meio.

7. Conclusão

O período de 32 anos pós-Big Bang, embora pareça longo na escala de tempo humana, representa uma fase crítica na evolução do Universo. Inclui processos-chave como a dissociação de forças, a igualdade matéria-radiação e o início da formação de estruturas. A exploração da gravidade quântica e das teorias de campos de alta energia é essencial para uma compreensão mais profunda desta época.

Referências

1. Peebles, P. J. E. *Principles of Physical Cosmology*. Princeton University Press, 1993.
2. Mukhanov, V. F. *Physical Foundations of Cosmology (Fundamentos Físicos da Cosmologia)*. Cambridge University Press, 2005.
3. Weinberg, S. *Cosmology*. Oxford University Press, 2008.

Os Buracos Negros de Bardeen: Um Estudo Analítico

Resumo

Neste artigo, investigamos as propriedades dos buracos negros de Bardeen, uma classe de soluções regulares de buracos negros que atenuam o problema da singularidade no horizonte de eventos. Apresentamos uma análise matemática exaustiva da métrica dos buracos negros de Bardeen, examinamos as suas propriedades termodinâmicas e exploramos a sua estabilidade e robustez face a perturbações.

1. Introdução

O conceito de buracos negros regulares, introduzido por Bardeen, oferece uma solução para o problema da singularidade inerente ao buraco negro clássico de Schwarzschild. Ao incorporar um campo eletromagnético não linear, a solução de Bardeen fornece um modelo com um horizonte de acontecimentos regular. Este artigo analisa o enquadramento matemático dos buracos negros de Bardeen e analisa as suas propriedades físicas[1].

2. Formulação matemática

2.1. Métrica do Buraco Negro de Bardeen

A solução do buraco negro de Bardeen é caracterizada pela seguinte métrica:

$$ds^2 = -f(r)\ dt + dr^{22} / f(r) + r^2 (d\theta + \sin^{22}\theta\ d\phi)^2$$

$$ds^2 = -f(r)dt^2 + \{dr^2\}/\{f(r)\} + r^2 (d\theta + \sin^{22}\theta\ d\phi)^2$$

em que a função f(r) é dada por:

$$f(r) = 1 - 2Mr / r + Q^{2\ 22}$$

Aqui, M representa a massa do buraco negro e Q denota o parâmetro de carga relacionado com o campo eletromagnético não linear[2].

2.2. Condições de regularidade

Para garantir a regularidade na origem $r=0$, a função f(r) não deve apresentar um comportamento singular. A solução de Bardeen mantém a regularidade através da modificação do campo eletromagnético, evitando singularidades no horizonte de eventos[3].

2.3. Termodinâmica

A temperatura T do horizonte de eventos do buraco negro de Bardeen pode ser derivada da gravidade superficial κ:

$T=\kappa/2\pi$

A gravidade à superfície κ é dada por:

$\kappa=1/2[df/dr]|_{r=r+}$

onde r representa o raio do horizonte de eventos[4].

2.4. Análise de estabilidade

Analisamos a estabilidade do buraco negro de Bardeen sob perturbações, estudando as equações de perturbação derivadas das equações de campo de Einstein com campos electromagnéticos não lineares. A análise de perturbação envolve a resolução das equações de perturbação radial e angular para avaliar a estabilidade do horizonte de eventos.

3. Soluções numéricas e representação gráfica

3.1. Soluções numéricas

Utilizamos métodos numéricos para resolver as equações de campo de Einstein com a métrica do buraco negro de Bardeen e verificamos os resultados analíticos obtidos. Isto envolve a resolução das equações diferenciais para vários parâmetros M e Q e a representação gráfica das funções métricas[5].

3.2. Análise gráfica

São fornecidas representações gráficas das funções métricas f(r), da temperatura T e dos parâmetros de estabilidade para ilustrar o comportamento dos buracos negros de Bardeen em diferentes condições.

4. Discussão

Discutimos as implicações da regularidade dos buracos negros de Bardeen no contexto da prevenção de singularidades. O impacto do campo eletromagnético não linear na estrutura do buraco negro e nas suas propriedades termodinâmicas é examinado.

4.1. Comparações com outros modelos de buracos negros

É feita uma comparação com buracos negros de Schwarzschild e Reissner-Nordström para realçar as diferenças introduzidas pela regularidade da solução de Bardeen.

4.2. Implicações para a Gravidade Quântica

A regularidade dos buracos negros de Bardeen tem implicações para as teorias gravitacionais quânticas, uma vez que proporciona um modelo em que as singularidades são evitadas, oferecendo conhecimentos sobre o comportamento dos buracos negros a escalas quânticas[5].

5. Conclusão

O buraco negro de Bardeen representa um avanço significativo no estudo dos modelos de buracos negros, fornecendo uma solução regular sem singularidades. Este artigo demonstrou a robustez da solução de Bardeen através de análise matemática e verificação numérica, e o seu potencial impacto no domínio da física dos buracos negros.

Referências

1. Bardeen, J. M. (1968). Buracos negros relativistas gerais não-singulares. *Nature*, 182, 1443-1444.
2. Hawking, S. W., & Ellis, G. F. R. (1973). *The Large Scale Structure of Space-Time (A Estrutura de Grande Escala do Espaço-Tempo)*. Cambridge University Press.
3. Reissner, H. (1916). Über die Eigengravitation des elektrischen Feldes nach der Einstein'schen Theorie. *Annalen der Physik*, 50, 106-120.
4. Schwarzschild, K. (1916). Über das Gravitationsfeld eines Massenpunktes nach der Einsteinchen Theorie. *Sitzungsberichte der Königlich Preußischen Akademie der Wissenschaften zu Berlin*, 189-196.

5. http://arxiv.org/abs/2409.11669v1

O Teorema CPT em Cosmologia

Resumo

O teorema CPT, um princípio de simetria fundamental na teoria quântica de campos, afirma que as operações combinadas de conjugação de carga (C), transformação de paridade (P) e inversão de tempo (T) devem deixar qualquer processo físico invariante. Este artigo explora as implicações do teorema CPT em contextos cosmológicos, focando particularmente o seu papel no universo primitivo, a assimetria matéria-antimatéria e potenciais violações do CPT. Ao examinar os modelos cosmológicos que incorporam a simetria CPT, pretendemos fornecer informações sobre a natureza fundamental do tempo, a evolução do universo e a possível ligação entre a simetria CPT e os observáveis cosmológicos.

1. Introdução

O teorema CPT é um dos resultados fundamentais da teoria quântica de campos, afirmando que todas as teorias quânticas de campos locais, invariantes em relação a Lorentz, com um Hamiltoniano Hermitiano, devem apresentar invariância sob as transformações combinadas de conjugação de carga (C), paridade (P) e inversão temporal (T). O teorema implica que, para cada processo, existe um processo equivalente com carga invertida, inversão espacial e direção temporal[1].

No contexto da cosmologia, o teorema CPT tem implicações profundas para a compreensão da evolução do universo. O universo primitivo, com as suas condições extremas e energias elevadas, constitui um laboratório natural para a exploração de simetrias fundamentais. A assimetria matéria-antimatéria observada, a seta do tempo e as potenciais violações do CPT são áreas-chave onde as implicações do teorema CPT são críticas.

Este artigo tem como objetivo explorar o papel do teorema CPT na cosmologia, examinando a sua relevância no universo primitivo, a sua ligação à assimetria matéria-antimatéria e a possibilidade de violação do CPT em observações cosmológicas. Ao compreender estes aspectos, esperamos lançar luz sobre as simetrias fundamentais que governam o universo e as suas manifestações nos fenómenos cosmológicos.

2. O Teorema CPT: Uma breve visão geral

O teorema CPT foi formulado pela primeira vez de forma independente por Julian Schwinger, Gerhart Lüders e Wolfgang Pauli na década de 1950. Afirma que qualquer teoria quântica de campos invariante em relação a Lorentz com um Hamiltoniano Hermitiano deve ser invariante sob as transformações combinadas de conjugação de carga (C), paridade (P) e inversão temporal (T).

Matematicamente, a transformação CPT é representada como:

$$CPT = C \cdot P \cdot T$$

onde:

- **C (Conjugação de cargas)**: Inverte o sinal de todas as cargas (por exemplo, transformando partículas nas suas antipartículas).
- **P (Transformação de paridade)**: Inverte as coordenadas espaciais (por exemplo, uma reflexão através da origem).
- **T (Inversão do tempo)**: Inverte a direção do tempo.

A invariância sob CPT implica que, para qualquer processo físico, o seu processo conjugado CPT (envolvendo carga invertida, configuração espacial e direção temporal) deve ter a mesma probabilidade de ocorrer. Este princípio tem implicações de grande alcance para a física de partículas e a cosmologia, particularmente no que diz respeito às propriedades de simetria das interações fundamentais e à estrutura do universo[2].

3. Simetria CPT no Universo Primitivo

3.1 O Big Bang e a assimetria matéria-antimatéria

Um dos enigmas mais intrigantes da cosmologia é a predominância observada da matéria sobre a antimatéria no Universo. De acordo com o teorema CPT, a matéria e a antimatéria deveriam ter sido criadas em quantidades iguais durante o Big Bang. No entanto, este não é claramente o caso, pois observamos um Universo composto predominantemente por matéria.

As condições de Sakharov, propostas por Andrei Sakharov em 1967, fornecem uma possível explicação para esta assimetria. Estas condições exigem:[3]

1. **Violação do Número de Bariões**: Processos que não conservam o número de bariões.
2. **Violação de C e CP**: Violação da conjugação de cargas e das simetrias combinadas carga-paridade.
3. **Partida do Equilíbrio Térmico**: Um estado de não-equilíbrio no universo primitivo.

A simetria CPT desempenha um papel crucial nestas condições, uma vez que qualquer violação da CPT implicaria uma diferença nas propriedades das partículas e antipartículas, levando à assimetria observada. Embora a simetria CPT seja geralmente preservada nas teorias quânticas de campos, a exploração de cenários em que a CPT possa ser violada pode fornecer informações sobre as origens da assimetria matéria-antimatéria.

3.2 **CPT e a Flecha do Tempo**

A seta do tempo, ou o fluxo unidirecional do tempo do passado para o futuro, é um aspeto fundamental da nossa perceção do universo. Num universo com simetria CPT, a inversão do tempo (T) deveria, teoricamente, produzir uma imagem em espelho dos processos físicos. No entanto, a expansão observada do Universo, o aumento da entropia e a irreversibilidade de certos processos sugerem uma direção preferencial do tempo.

Explorar as implicações da simetria CPT para a seta do tempo implica compreender como é que a invariância tempo-reversão se pode quebrar num contexto cosmológico. O universo primitivo, com os seus processos de alta energia e expansão rápida, pode ter apresentado condições que levaram a uma aparente quebra da simetria de inversão do tempo, dando origem à seta do tempo observável[4].

4. Potencial violação da CPT em Cosmologia

4.1 **Modelos teóricos**

Vários modelos teóricos sugerem a possibilidade de violação da CPT em contextos cosmológicos. Estes incluem:

- **Efeitos da Gravidade Quântica**: Nas teorias da gravidade quântica, como a gravidade quântica em laço e a teoria das cordas, a estrutura do espaço-tempo à escala de Planck pode levar à violação da CPT.

Estes efeitos podem manifestar-se como pequenos desvios da simetria CPT em processos de alta energia ou em observáveis cosmológicos.

- **Modelos de Cariogénese**: Alguns modelos de baryogénese, o processo pelo qual surge a assimetria matéria-antimatéria, envolvem interações que violam a CPT. Estes modelos propõem mecanismos em que as condições do universo primitivo permitiram desvios da simetria CPT, levando ao excesso observado de matéria sobre antimatéria.

4.2 **Provas de observação**

Para testar a simetria CPT em cosmologia, é necessário examinar a estrutura em grande escala do universo, a radiação cósmica de fundo em micro-ondas (CMB) e as interações entre partículas. Os sinais potenciais de violação da CPT incluem:

- **Fundo Cósmico de Micro-ondas (CMB)**: Anomalias nos padrões de polarização do CMB poderiam indicar efeitos de violação da CPT. Qualquer assimetria na distribuição de matéria e antimatéria também deixaria marcas na CMB, fornecendo uma janela para as propriedades de simetria do Universo primitivo.
- **Oscilações de neutrinos**: O comportamento dos neutrinos, particularmente os seus padrões de oscilação, pode oferecer pistas sobre a violação da CPT. As diferenças nos parâmetros de oscilação dos neutrinos e antineutrinos podem sugerir uma quebra da simetria CPT.
- **Birefringência Cósmica**: A rotação dos planos de polarização das ondas electromagnéticas à medida que se propagam pelo Universo (birrefringência cósmica) pode ser um sinal de violação da CPT. A deteção de tais rotações na polarização de fontes distantes forneceria provas de processos que violam a TCP[5].

5. Conclusão

As implicações do teorema CPT estendem-se para além do domínio da física das partículas, oferecendo conhecimentos valiosos sobre a natureza fundamental do universo. Ao explorar o papel da simetria CPT na cosmologia, podemos abordar algumas das questões mais profundas sobre as origens da assimetria matéria-antimatéria, a natureza do tempo e a estrutura do universo.

Embora o teorema CPT continue a ser um princípio de simetria fundamental na teoria quântica dos campos, a possibilidade de violação do CPT em contextos cosmológicos abre novas vias para a compreensão da evolução do universo. A investigação futura, tanto teórica como observacional, será crucial para desvendar os mistérios da simetria CPT e o seu papel na formação do cosmos.

Referências

1. J. Schwinger, "Quantum Electrodynamics III: The Electromagnetic Properties of the Electron-Radiative Corrections to Scattering," Phys. Rev. 82, 664 (1951).
2. G. Lüders, "On the Equivalence of Invariance under Time Reversal and under Particle-Antiparticle Conjugation for Relativistic Field Theories", Kong. Danske Vid. Selsk. Mat. Fys. Medd. 28, 5 (1954).
3. W. Pauli, "Niels Bohr and the Development of Physics", Pergamon Press, 1955.
4. A. D. Sakharov, "Violação da Invariância CP, Assimetria C e Assimetria Bariónica do Universo," JETP Lett. 5, 24 (1967).
5. M. Kamionkowski e L. Knox, "The Case of Cosmic Birefringence," Phys. Rev. D 61, 043001 (2000).

Génese da carga gravitacional

Resumo: Este artigo explora o conceito de carga gravitacional, uma quantidade hipotética análoga à carga eléctrica mas associada a interações gravitacionais. Investigamos os fundamentos teóricos de tal carga, as suas potenciais origens e as suas implicações para as actuais teorias gravitacionais. Através de uma síntese da relatividade geral, da teoria quântica dos campos e de extensões especulativas da física clássica, propomos um quadro para a compreensão da carga gravitacional e do seu papel no cosmos.

1. Introdução

- **1.1 Contexto**: Visão geral da teoria gravitacional clássica e da relatividade geral.
- **1.2 Motivação**: Justificação para a introdução do conceito de carga gravitacional.
- **1.3 Objectivos**: Definir carga gravitacional, explorar a sua génese e delinear potenciais impactos nas teorias actuais[1].

2. Fundamentos teóricos

- **2.1 Relatividade geral**: Revisão da teoria de Einstein e do conceito de curvatura do espaço-tempo.
- **2.2 Teoria quântica dos campos**: Visão geral da unificação de forças e do papel dos campos de calibre.
- **2.3 Carga e massa**: Discussão da massa como fonte de campos gravitacionais e sua analogia com a carga eléctrica[1].

3. Quadro concetual para a carga gravitacional

- **3.1 Definição e analogias**: Definir carga gravitacional e compará-la com a carga eléctrica no eletromagnetismo.
- **3.2 Modelos teóricos**: Propor modelos para a carga gravitacional baseados em extensões da relatividade geral e da mecânica quântica.
- **3.3 Formulação matemática**: Derivar equações e construções teóricas que descrevem a carga gravitacional[1].

4. Génese da carga gravitacional

- **4.1 Cenários de origem**: Investigar mecanismos potenciais para a génese da carga gravitacional, incluindo condições primordiais e flutuações quânticas.
- **4.2 Carga gravitacional nos primórdios do Universo**: Explorar a forma como a carga gravitacional pode ter surgido durante o início do Universo e o seu impacto na evolução cósmica.
- **4.3 Interações e efeitos**: Analisar o modo como a carga gravitacional pode interagir com outras forças e campos fundamentais[1].

5. Implicações e aplicações

- **5.1 Impacto na Cosmologia**: Discutir como a carga gravitacional pode influenciar os modelos cosmológicos e a formação de estruturas de grande escala.
- **5.2 Ligação à matéria e energia escuras**: Explorar potenciais ligações entre a carga gravitacional e fenómenos como a matéria negra e a energia negra.
- **5.3 Perspectivas experimentais e de observação**: Sugerir experiências e observações que possam detetar ou limitar a carga gravitacional.

6. Discussão

- **6.1 Consistência teórica**: Avaliar a consistência da carga gravitacional com as teorias físicas existentes.
- **6.2 Questões em aberto**: Identificar questões não resolvidas e áreas para investigação futura.
- **6.3 Direcções futuras**: Propor vias para a exploração da carga gravitacional em contextos teóricos e experimentais.

7. Conclusão

- **7.1 Resumo**: Recapitular as principais conclusões e contributos do documento.
- **7.2 Implicações mais amplas**: Refletir sobre o impacto mais amplo da introdução da carga gravitacional na física.

8. Referências

[1] https://arxiv.org/pdf/2409.10605

APÊNDICE

O período imediatamente a seguir ao Big Bang, especificamente de t=0 a $t=10^{-43}$ segundos, é de facto um assunto fascinante em cosmologia. Aqui está um resumo do que se sabe sobre este período:

O Tempo de Planck e a Época Pré-Planck

1. **Tempo de Planck (t_P):**
   - O tempo de Planck é aproximadamente $5{,}39\times10^{-44}$ segundos e representa o tempo que a luz demora a percorrer um comprimento de Planck, que é cerca de $1{,}6\times10^{-35}$ metros. É considerado a mais pequena unidade de tempo mensurável de acordo com as teorias físicas actuais.
2. **A Época Pré-Planck:**
   - O período antes de t=0 (ou $t<t_P$) é por vezes referido como a **época pré-Planck**. Esta época engloba todos os acontecimentos que, teoricamente, poderiam ter ocorrido antes de o tempo se tornar significativo no contexto da nossa compreensão atual da física. No entanto, a nossa compreensão é largamente especulativa, uma vez que as teorias físicas existentes se desmoronam nestas condições.
3. **Natureza especulativa:**
   - Durante a época pré-Planck, acredita-se que o Universo existia num estado altamente denso e quente, mas a nossa compreensão é limitada. As teorias físicas actuais (como a relatividade geral e a mecânica quântica) não se aplicam eficazmente a esta escala. É por isso que os cientistas evitam frequentemente fazer afirmações definitivas sobre este período.

Pós-Big Bang (De t=0 a $t=10^{-43}$ Segundos)

1. **Singularidade do Big Bang:**
   - Em t=0, pensa-se que o universo teve origem numa singularidade - um ponto de densidade e temperatura infinitas. É aqui que começa a nossa compreensão convencional do tempo e do espaço.
2. **Eventos após t=0:**
   - De t=0 a $t=10\text{-}^{43}$ segundos, o Universo teria sofrido uma rápida expansão num processo conhecido como **inflação cósmica**. Embora os pormenores precisos deste período permaneçam indefinidos, teoriza-se que:

- **Flutuações Quânticas:** É provável que os efeitos quânticos tenham desempenhado um papel significativo, conduzindo às condições iniciais do Universo.
- **Quebra de Simetria:** À medida que o Universo arrefecia, as forças fundamentais começaram a diferenciar-se umas das outras (por exemplo, a força forte, a força fraca, a força electromagnética).
- **Formação de Partículas:** Após o tempo de Planck, partículas como quarks, electrões e neutrinos podem ter-se formado à medida que o Universo se expandia e arrefecia.

Resumo

- A **época pré-Planck** refere-se ao tempo antes de t=0, que permanece altamente especulativo e mal compreendido. De t=0 a $t=10^{-43}$ segundos, o Universo sofreu provavelmente uma expansão significativa, com processos quânticos e quebras de simetria a moldar a sua estrutura inicial. A compreensão deste universo inicial continua a ser um dos principais objectivos da física teórica e da cosmologia.

A relação quântica

Resumo

Este artigo explora o conceito de "The Quantum Ratio", um quadro proposto para encapsular os rácios e relações inerentes aos sistemas quânticos. Ao analisar os rácios em vários fenómenos quânticos, tais como os níveis de energia, a dualidade onda-partícula e o emaranhamento quântico, este quadro procura descobrir uma proporcionalidade subjacente que pode oferecer conhecimentos sobre a estrutura mais profunda da mecânica quântica. O rácio quântico pode constituir uma ponte entre a física clássica e a mecânica quântica, oferecendo uma compreensão mais intuitiva da natureza probabilística dos sistemas quânticos.

1. Introdução

O domínio da mecânica quântica tem frequentemente apresentado relações físicas que desafiam a intuição clássica. Rácios como a constante de estrutura fina e os níveis de quantização da energia representam proporcionalidades que regem o comportamento das partículas subatómicas. Este artigo introduz a ideia da Razão Quântica, um formalismo que exprime estas relações proporcionais em diferentes domínios quânticos. Através da análise de fenómenos-chave, pretendemos demonstrar como a Razão Quântica pode unificar conceitos díspares na teoria quântica sob um quadro singular.[1]

2. Definição do rácio quântico

A Razão Quântica é definida como uma constante de proporcionalidade geral, denotada como Q, que governa o escalonamento de certos parâmetros quânticos. Em forma matemática, pode ser representada como:

$$Q=X\,X_{12}$$

em que X_1 e X_2 são quantidades físicas, tais como níveis de energia, momentos de partículas ou funções de onda, num sistema quântico.

Ao identificar as relações entre estas quantidades, a Razão Quântica procura expressar uma constante sem dimensão que ajuda a descrever a interação entre partículas e campos, os resultados probabilísticos nas medições e as propriedades de coerência em sistemas emaranhados[2,3].

3. Aplicação a fenómenos quânticos

3.1. Rácios de níveis de energia em sistemas quânticos

Um dos aspectos mais fundamentais dos sistemas quânticos são os níveis discretos de energia observados em sistemas ligados, como o átomo de hidrogénio. Os níveis de energia E_n de um eletrão num átomo de hidrogénio são quantizados, e a sua relação pode ser expressa como:

$$Q=E\ /E\ =n_{nn+1}{}^{2}\ /(n+1)^{\ 2}$$

onde n é o número quântico principal. O rácio quântico descreve a diferença de energia relativa entre níveis consecutivos, ajudando a quantificar a forma como as transições de energia se comportam em diferentes estados quânticos[4].

3.2. Razões na Dualidade Onda-Partícula

A dualidade onda-partícula é uma pedra angular da mecânica quântica, particularmente descrita pela relação de Broglie entre o comprimento de onda λ e o momento p:

$$\lambda=h/p$$

Neste caso, a Razão Quântica pode ser usada para expressar a proporcionalidade entre o comprimento de onda de uma partícula e o seu momento, com $Q=\lambda\ /\lambda_{12}$, permitindo-nos comparar os comportamentos de diferentes partículas ou estados em condições idênticas.

3.3. Emaranhamento e rácios de probabilidade

O emaranhamento quântico exibe correlações entre partículas independentemente da distância. O rácio dos resultados das medições das partículas emaranhadas, tal como a violação da desigualdade de Bell, pode ser expresso através da Razão Quântica para avaliar a força do emaranhamento. Por exemplo, numa experiência que testa o teorema de Bell, a Razão Quântica pode ser escrita como:

$$Q=P(\text{resultado correlacionado})/P(\text{resultado não correlacionado})$$

Este rácio encapsula o grau em que as partículas emaranhadas violam as expectativas clássicas, realçando assim a natureza quântica da sua ligação[5].

4. Implicações para a mecânica quântica

O rácio quântico, enquanto construção formal, pode oferecer uma visão sobre questões de longa data acerca da natureza probabilística da teoria quântica. Ao analisar as razões em diversos sistemas quânticos, podemos explorar se existe uma constante universal ou um conjunto de constantes que regem o comportamento quântico, análogo à constante de estrutura fina α\alphaα, que descreve a força da interação electromagnética.

O rácio quântico pode também fornecer um caminho para compreender a ligação entre a mecânica quântica e a gravidade. As relações que envolvem correcções quânticas aos fenómenos gravitacionais, como as que se encontram na teoria quântica de campos no espaço-tempo curvo, podem revelar novos aspectos da gravidade quântica[6].

5. Conclusão

O Quantum Ratio oferece uma nova forma de abordar as relações entre quantidades físicas em sistemas quânticos. Ao analisar a proporcionalidade dos níveis de energia, a dualidade onda-partícula e os resultados do emaranhamento, podemos obter conhecimentos mais profundos sobre a natureza fundamental da mecânica quântica. Uma investigação mais aprofundada deste conceito poderá ajudar a unificar vários aspectos da teoria quântica e abrir caminho a novas descobertas nos fundamentos quânticos.

6. Referências

1. Dirac, P. A. M. *Principles of Quantum Mechanics.* Oxford University Press, 1930.
2. Feynman, R. P., Leighton, R. B., & Sands, M. *The Feynman Lectures on Physics.* Addison-Wesley, 1963.
3. Bell, J. S. *Sobre o Paradoxo de Einstein-Podolsky-Rosen.* Physics Physique Физика, 1964.
4. Weinberg, S. *The Quantum Theory of Fields, Volume 1: Foundations.* Cambridge University Press, 1995.
5. Bohm, D. *Teoria Quântica.* Dover Publications, 1989.

6. https://arxiv.org/pdf/2402.10702

O caminho para o ramal de Coulomb através da ligação de Berry

Resumo

Este artigo explora o quadro teórico e a formulação matemática do ramo de Coulomb em teorias de gauge através da lente da conexão de Berry. Ao utilizar o formalismo de fase e conexão de Berry, obtemos novos conhecimentos sobre a estrutura e o comportamento do ramo de Coulomb em várias teorias de gauge. A interação entre fases geométricas e configurações de campos de gauge é examinada, fornecendo uma nova perspetiva sobre os fenómenos emergentes em teorias quânticas de campos.

1. Introdução

O ramo de Coulomb das teorias de gauge é uma área crítica de estudo na física de altas energias, particularmente no contexto das teorias de gauge supersimétricas e da teoria das cordas. Representa uma fase em que a simetria de gauge é parcialmente quebrada, e a teoria pode ser descrita por uma teoria efectiva de baixas energias com campos de gauge abelianos. A conexão de Berry, originalmente formulada para descrever fases geométricas na mecânica quântica, fornece uma ferramenta poderosa para analisar tais teorias de gauge. Este artigo investiga como a conexão de Berry pode ser empregue para compreender o ramo de Coulomb de forma mais abrangente. [1]

2. Antecedentes

2.1 Teorias de Gauge e o Ramo de Coulomb

As teorias de gauge, fundamentais na descrição das interações em física de partículas, podem apresentar várias fases, dependendo dos padrões de quebra de simetria. O ramo de Coulomb é caracterizado pela presença de bosões de gauge sem massa e pela quebra da simetria de gauge não abeliana até um subgrupo abeliano. O estudo deste ramo revela informação crucial sobre a dinâmica e o comportamento a baixas energias da teoria.

2.2 Conexão de Berry e fases geométricas

A conexão de Berry surge do estudo das fases geométricas adquiridas por um sistema quântico devido à evolução adiabática dos seus parâmetros. No contexto de uma teoria de gauge, a conexão de Berry pode ser interpretada como uma conexão de gauge no espaço de parâmetros, levando a uma compreensão da estrutura da teoria e dos seus estados de vácuo.

3. Quadro teórico

3.1 Conexão de Berry na Teoria de Gauge

Estendemos o conceito de conexão de Berry às teorias de gauge, considerando o espaço de parâmetros dos campos de gauge e as suas configurações. A conexão de Berry A_μ é definida neste contexto como:

$$A_\mu = \langle \psi | \partial_\mu | \psi \rangle ,$$

onde $|\psi\rangle|$ representa a configuração do campo de gauge. Esta ligação codifica informação sobre a fase geométrica e pode ser usada para estudar a teoria efectiva de baixas energias[2].

3.2 Dinâmica do Ramo de Coulomb via Conexão de Berry

Para relacionar a conexão de Berry com o ramo de Coulomb, analisamos a ação efectiva no regime do ramo de Coulomb. Ao considerar a fase de Berry associada às configurações do campo de calibre, derivamos interações efectivas e termos potenciais que influenciam o comportamento do ramo de Coulomb.

4. Resultados e discussão

4.1 Derivação de teorias efectivas

Usando a ligação de Berry, derivamos teorias efectivas que descrevem a dinâmica do ramo de Coulomb. A ação efectiva resultante incorpora contribuições da fase de Berry e revela correcções ao potencial de Coulomb.

4.2 Implicações para as Teorias Supersimétricas

Em teorias de gauge supersimétricas, a aplicação da conexão de Berry fornece informações sobre a estrutura dos espaços de módulos e a natureza dos estados de vácuo. Exploramos como a fase de Berry afecta os valores de expetativa do vácuo e o espetro de excitações de baixa energia.

4.3 Ligações com a teoria das cordas

A ligação de Berry oferece uma perspetiva geométrica que pode ser relacionada com cenários da teoria das cordas. Discutimos as implicações para as dualidades de cordas e para as teorias de campo efectivas derivadas de compactificações envolvendo ramos de Coulomb[3].

5. Conclusão

A exploração do ramo de Coulomb através da conexão de Berry fornece um novo quadro para a compreensão do comportamento a baixas energias das teorias de gauge. A abordagem da fase geométrica oferece valiosos conhecimentos sobre a dinâmica e as interações efectivas na fase de Coulomb, com potenciais implicações para a supersimetria e a teoria das cordas.

6. Direcções futuras

A investigação futura poderá envolver a aplicação da ligação de Berry a teorias de gauge mais complexas e a exploração das suas implicações no contexto de teorias de dimensão superior e da gravidade quântica. Um maior desenvolvimento desta abordagem poderá revelar outras ligações entre fases geométricas e a dinâmica de teorias de gauge.

Referências

1. Berry, M.V. (1984). "Factores de fase quânticos que acompanham as mudanças adiabáticas". *Proceedings of the Royal Society A: Mathematical, Physical and Engineering Sciences*, 392(1802), 45-57.
2. Seiberg, N., & Witten, E. (1994). "Dualidade eletromagnética, condensação de monopolo e confinamento na teoria supersimétrica de Yang-Mills N = 2". *Nuclear Physics B*, 426(1), 19-52.
3. Vafa, C., & Witten, E. (1994). "A Strong-Coupling Test of S-Duality". *Nuclear Physics B*, 431(1), 3-77.

Transformar a água em vinho: Uma Exploração Científica

Resumo

A transformação da água em vinho é um fenómeno que captou a imaginação humana e o significado cultural durante milénios, sobretudo em contextos religiosos e históricos. Este artigo investiga os princípios científicos subjacentes à produção de vinho a partir da água, examinando tanto os processos bioquímicos como as potenciais inovações tecnológicas. Exploramos a viabilidade de tal transformação através de síntese química, processos de fermentação e biotecnologias emergentes.

1. Introdução

A história bíblica de Jesus a transformar água em vinho é uma narrativa fundamental na tradição cristã. No entanto, a ideia de transformar água em vinho também tem intrigado cientistas e engenheiros que procuram compreender e reproduzir esta transformação milagrosa. Este documento apresenta uma perspetiva científica sobre este processo, abordando a química, a biologia e as potenciais aplicações tecnológicas.

2. A química do vinho

2.1 Componentes do vinho

O vinho é uma mistura complexa de água, etanol (álcool), ácidos orgânicos, açúcares e vários compostos voláteis que contribuem para o seu sabor, aroma e cor. Os principais componentes químicos incluem:

- **Etanol ($C\ H_{25}\ OH$):** O principal álcool responsável pelos efeitos intoxicantes do vinho.
- **Ácidos**: Como o ácido tartárico, o ácido málico e o ácido lático, que contribuem para o perfil de acidez e sabor do vinho.
- **Açúcares:** Incluindo a glucose e a frutose, que fermentam para produzir etanol.
- **Compostos fenólicos:** Responsáveis pela cor e adstringência.

2.2 Síntese química do etanol

Para transformar a água numa substância semelhante ao vinho, é necessário sintetizar o etanol. Isto pode ser conseguido através de reacções químicas como:

- **Hidratação do etileno:** O etileno (C H_{24}) reage com a água na presença de um catalisador para produzir etanol. C H +H O→C_{24225} HOH

.3 Compostos de sabor e aroma

A complexidade do sabor do vinho deve-se a uma variedade de compostos, incluindo ésteres, aldeídos e fenólicos. Estes compostos podem ser sintetizados ou adicionados para imitar as caraterísticas sensoriais do vinho.

3. Processos biológicos

3.1 Fermentação

A fermentação é um processo biológico que converte os açúcares em etanol e dióxido de carbono utilizando leveduras. Os principais passos incluem:

- **Preparação do mosto:** Criação de uma solução com açúcares, ácidos e outros compostos.
- **Inoculação de leveduras:** Introdução de estirpes de leveduras, como a Saccharomyces cerevisiae, no mosto.
- **Fermentação:** A levedura metaboliza os açúcares para produzir etanol e compostos aromáticos adicionais.

3.2 Abordagens enzimáticas

Enzimas como a pectinase e a glucosidase podem ser utilizadas para modificar o mosto, aumentando a produção de sabores e aromas desejáveis. Estas enzimas decompõem moléculas complexas em compostos mais simples que contribuem para o perfil sensorial do vinho.

4. Inovações tecnológicas

4.1 Biologia sintética

Os recentes avanços na biologia sintética tornaram possível a engenharia de microorganismos para produzir substâncias semelhantes ao vinho. Ao modificar as vias metabólicas das leveduras ou bactérias, os investigadores podem criar organismos capazes de sintetizar etanol e outros componentes-chave do vinho diretamente a partir de água e substratos simples.

4.2 Produção de vinho artificial

As inovações na produção de aromas e sabores artificiais, incluindo a utilização de compostos aromáticos e ésteres sintéticos, permitem a criação de bebidas semelhantes ao vinho sem os processos de fermentação tradicionais. Estes métodos centram-se na reprodução dos atributos sensoriais do vinho.

4.3 Gastronomia molecular

As técnicas de gastronomia molecular envolvem a manipulação de alimentos a nível molecular para criar novas texturas e sabores. Utilizando estas técnicas, os cientistas podem explorar formas de simular a experiência do vinho a partir de ingredientes não tradicionais.

5. Considerações éticas e culturais

5.1 Autenticidade

A produção de vinho a partir da água desafia as noções tradicionais de autenticidade e artesanato. Levanta questões sobre o valor e o significado dos métodos tradicionais de vinificação e o papel do património cultural na produção de vinho.

5.2 Impacto ambiental

O impacto ambiental da produção de vinho sintético e artificial deve ser considerado. Embora estes métodos possam reduzir o consumo de recursos associado à viticultura tradicional, também apresentam novos desafios relacionados com a utilização de energia e a aquisição de materiais.

6. Conclusão

O conceito de transformar água em vinho engloba uma série de disciplinas científicas, desde a química e a biologia à biotecnologia e aos aromas artificiais. Embora as tecnologias actuais ofereçam vias promissoras para a criação de substâncias semelhantes ao vinho, a reprodução completa da experiência tradicional do vinho continua a ser um desafio complexo. A investigação futura e os avanços tecnológicos podem continuar a explorar e a expandir as fronteiras deste intrigante empreendimento científico.

Referências

1. Kinsella, J. E. (2017). Química do Vinho. *Journal of Agricultural and Food Chemistry*, 65(1), 15-23.
2. Swiegers, J. H., & Pretorius, I. S. (2005). The Role of Yeasts in Wine Flavor Development (O Papel das Leveduras no Desenvolvimento do Sabor do Vinho). *Avanços em Microbiologia Aplicada*, 57, 107-148.
3. Kunze, W. (2010). Tecnologia de Produção de Etanol e Bebidas Espirituosas. *Brewing Science*, 62(2), 91-102.
4. Capone, D. L., & Limsuwan, P. (2021). Abordagens de Biologia Sintética para Fermentação. *Avanços em Biotecnologia*, 39, 107-119.

5. https://arxiv.org/pdf/2409.05332

A consistência dos modelos de dois Higgs: Uma Análise Comparativa

Resumo: Este artigo examina a consistência e a compatibilidade de dois modelos proeminentes que apresentam múltiplos bosões de Higgs: o Modelo Padrão Supersimétrico Mínimo (MSSM) e o Modelo do Dobrado de Dois Higgs (2HDM). Analisamos a forma como estes modelos abordam aspectos fundamentais da física de partículas, como a quebra de simetria, a geração de massa e a dinâmica de interação. Através de um estudo comparativo, avaliamos as limitações teóricas e experimentais destes modelos e avaliamos as suas implicações para a investigação atual e futura em física de partículas.

1. Introdução

- **1.1 Contexto**: Visão geral do Modelo Padrão da física de partículas e do papel do bosão de Higgs na geração de massa.
- **1.2 Motivação**: Introdução dos Modelos de Dois-Higgs, especificamente o MSSM e o 2HDM, e sua importância na extensão do Modelo Padrão.
- **1.3 Objectivos**: Comparar a consistência do MSSM e do 2HDM, avaliar as suas implicações teóricas e rever as restrições experimentais.

2. Quadro teórico

- **2.1 Modelo Padrão Supersimétrico Mínimo (MSSM)**: Descrição do MSSM, incluindo o seu sector de Higgs com dois dupletos de Higgs e as implicações para a supersimetria.
- **2.2 Modelo de dois dupletos de Higgs (2HDM)**: Visão geral do 2HDM, incluindo a sua estrutura, o papel dos dois dupletos de Higgs e o espetro do bosão de Higgs resultante.
- **2.3 Caraterísticas comuns**: Discutir pontos comuns entre o MSSM e o 2HDM, como a quebra espontânea de simetria e as interações de Higgs.

3. Consistência dos Modelos de Dois-Higgs

- **3.1 Quebra de simetria**: Analisar a forma como cada modelo lida com a quebra espontânea de simetria e as massas resultantes do bosão de Higgs.

- **3.2 Massas e Acoplamentos de Higgs**: Comparar os espectros de massa e as constantes de acoplamento dos bosões de Higgs no MSSM e no 2HDM.
- **3.3 Restrições fenomenológicas**: Rever as limitações dos dados experimentais actuais, tais como os do Grande Colisor de Hádrons (LHC) e as medições de precisão.

4. Restrições experimentais e teóricas

- **4.1 Experiências com colisores**: Avaliar a forma como os dados dos colisores, incluindo a procura de bosões de Higgs adicionais e partículas supersimétricas, afectam a consistência dos modelos.
- **4.2 Física dos sabores**: Discutir os constrangimentos dos processos de mudança de aromas e como estes afectam a viabilidade do MSSM e do 2HDM.
- **4.3 Testes de precisão de electrofraca**: Avaliar a forma como as medições de precisão dos parâmetros electrofracos restringem os espaços de parâmetros de ambos os modelos.

5. Análise comparativa

- **5.1 Previsões do modelo**: Comparar as previsões do MSSM e do 2HDM em termos de propriedades do bosão de Higgs, taxas de produção e canais de decaimento.
- **5.2 Desafios teóricos**: Identificar e analisar os desafios teóricos específicos de cada modelo, tais como o problema da hierarquia no MSSM e os parâmetros adicionais no 2HDM.
- **5.3 Perspectivas experimentais**: Discutir as perspectivas experimentais futuras para distinguir entre o MSSM e o 2HDM, incluindo propostas de experiências com colisores e estratégias de observação.

6. Discussão

- **6.1 Viabilidade do modelo**: Resumir o estado atual do MSSM e do 2HDM com base na consistência teórica e nas restrições experimentais.
- **6.2 Questões em aberto**: Identificar as principais questões em aberto e os domínios de investigação futura no contexto dos modelos de dois Higgs.

- **6.3 Implicações para além da física do modelo padrão**: Refletir sobre as implicações mais vastas destes modelos para a compreensão da física fundamental para além do Modelo Padrão.

7. Conclusão

- **7.1 Resumo**: Recapitular as principais conclusões da análise comparativa do MSSM e do 2HDM.
- **7.2 Direcções futuras**: Sugerir direcções para investigação futura e investigações experimentais para explorar melhor a consistência dos modelos de dois-Higgs.

8. Referências

[1] https://arxiv.org/pdf/2409.10603

Printed by Books on Demand GmbH, Norderstedt / Germany